基于投入产出的环境会计信息计量及应用研究

宋沂邈◎著

U0823416

中国财经出版传媒集团
中国财政经济出版社
·北 京·

图书在版编目（CIP）数据

基于投入产出的环境会计信息计量及应用研究 / 宋沂邈著. -- 北京：中国财政经济出版社，2025. 4.

ISBN 978 - 7 - 5223 - 3711 - 1

Ⅰ. X196

中国国家版本馆 CIP 数据核字第 2025BP4326 号

责任编辑：朱伟铭　　　　责任印制：张　健

封面设计：陈宇琰　　　　责任校对：张　凡

基于投入产出的环境会计信息计量及应用研究

JIYU TOURU CHANCHU DE HUANJING KUAIJI XINXI JILIANG JI YINGYONG YANJIU

中国财政经济出版社 出版

URL：http：//www. cfeph. cn

E - mail：cfeph@ cfeph. cn

（版权所有　翻印必究）

社址：北京市海淀区阜成路甲 28 号　邮政编码：100142

营销中心电话：010 - 88191522

天猫网店：中国财政经济出版社旗舰店

网址：https：//zgczjjcbs. tmall. com

涿州汇美亿浓印刷有限公司印刷　各地新华书店经销

成品尺寸：170mm × 240mm　16 开　10. 75 印张　165 000 字

2025 年 4 月第 1 版　2025 年 4 月河北第 1 次印刷

定价：68. 00 元

ISBN 978 - 7 - 5223 - 3711 - 1

（图书出现印装问题，本社负责调换，电话：010 - 88190548）

本社图书质量投诉电话：010 - 88190744

打击盗版举报热线：010 - 88191661　QQ：2242791300

前　言

党的十九届五中全会提出的2035年远景目标和“十四五”规划相关要点，将生态环境保护作为一项重要内容，并提出了“碳达峰、碳中和”的目标。随着“双碳”目标的提出，清洁低碳、安全高效成为经济社会发展全面绿色转型的重要前提。该目标对应对气候变化工作、绿色低碳发展和生态文明建设提出更高要求的同时，也为能源结构、产业结构、经济结构转型升级带来了更艰巨的挑战。

“十四五”规划提出，我国生态环境保护仍然处于关键期、攻坚期和窗口期，需要以减污降碳为主线，推动绿色低碳与经济发展的深度融合，助推可持续发展内生动力。生态环境保护一方面应从防控污染物排放入手，切实降低污染物排放总量和强度，另一方面应完善生态环境治理体系和提升治理能力现代化水平，引导污染物以自然消纳的方式进行合理传导。面对新技术、新模式、新业态，政府和企业应该联合起来，共同应对环境问题带来的挑战，实现经济发展效率和绿色生产力水平的内在统一。

基于上述背景，会计界开始思考如何构建行之有效的环境会计信息计量及应用方法以辅助环境监管，并助力企业实现绿色转型。研究环境会计，对构建绿色发展政策体系、建立现代环境治理体系以及实现发展方式的绿色转型具有重要意义。

本书立足环境管制，以投入产出为依据，围绕环境会计信息计量问题展开深入研究，主要包括以下五部分内容：

第一，研究环境管制与环境会计的制度背景。本书立足环境管制信息需求，对环境会计信息供给现状进行研究，发现环境管制与环境会计都是以投入产出关系为逻辑，对各自目标达成与否进行评价。两者关于产出目标的不同，是造成环境会计要素分类、环境会计信息披露、环境绩效评价与环境管制不适应性的本质原因。因此，本书以投入产出为依据，立足环境管制，对环境会计的信息计量及应用体系进行设计，以提高环境会计与环境管制的适应性。

第二，基于投入产出关系，从实物、价值和综合三个维度构建环境会计要素内容。在实物维度，企业内部存在当期消耗等于当期产出的投入产出关系。依据投入产出关系，将实物维度要素划分为消耗要素、产品要素、正产出要素和负产出要素；将价值维度要素划分为投入要素、产出要素、消耗要素和权益要素；对实物维度环境会计要素进行再分类，构造环境增益（减益）要素和环境综合要素。环境会计要素体系的构建，完善了我国环境会计理论框架体系，极大地丰富了环境信息的表现形式，有效地解决了面向环境管制的环境信息供给不足的问题。

第三，针对投入产出环境会计要素，构思多维环境会计要素计量属性及计量方法。针对实物计量属性，基于真实性原则，采用实物盘存法计量消耗要素，继而基于重要性原则，依据投入产出关系，用消耗要素、产出要素推算负产出要素。针对价值计量属性，依据投入产出关系，分别设计消耗要素、产出要素和权益要素价值计量模型。针对能值计量属性，采用能值分析法对实物维度要素进行能值转化，继而根据定义设计环境增益（减益）要素能值计量模型，以及环境综合要素能值计量模型。以一家燃煤电厂为研究对象，对三个维度的要素计量方法展开应用。基于投入产出的环境会计要素计量方法，突破了环境会计要素的非货币计量瓶颈，提高了环境信息的质量。

第四，针对投入产出环境会计要素计量内容，设计环境会计信息披露模式与内容。基于实证研究结果，将环境会计信息披露对象划分为政府环境管制部门和社会公众。基于环境管制全生命周期评价需求，构建环境信息披露准入模式、管控模式和管制退出模式。在三种模式下分别设计向政府环境管制部门的管制包专递内容，以及面向社会公众的对外公开信息披露内容。以一家燃煤电厂为研究对象，对运行管控模式下的信息披露内容设计展开应用。基于投入产出的环境会计信息披露模式与内容，对独立环境会计报告体系的进一步完善和发展具有重要意义。

第五，针对环境管制主体如何应用投入产出环境信息提供政策建议。针对环境准入环节，建议对预计负产出总量和预计重点管控元素逃逸率设置上限，超过上限者不可准入。针对运行管控环节，首先建议对运行期内负产出总量以及重点管控元素逃逸率设置上限；继而建议在上述要求达标的基础上利用可持续发展指数对企业整体可持续发展水平进行综合评价。针对环境退出环节，建议以重点管控元素是否实现彻底消纳作为环境退出的判定依据，直至重点管控元素消纳完毕方可退出。以十三家发电企业为研究对象，对运行管控环节下的环境评价方法展开应用。

综上所述，本书构建了以实物要素为基础、价值要素为补充、综合要素为协调的环境会计信息计量体系，并配套设计要素计量方法与信息披露方法，最终为环境管制主体如何利用上述信息进行评价提供政策建议。

作者

2024 年 9 月

目录

第一章　绪　　论

生态环境是人类赖以生存的基础，良好的生态环境不仅可以为人类提供幸福的家园，也是可持续发展的基础条件。随着经济的高速发展，环境保护与经济发展的矛盾也日益凸显，如何协调经济发展和环境保护之间的关系成为了理论界的重要话题，如何用会计手段规制企业环境行为，如何通过环境会计实践实现经济与环境的共赢，逐渐成为会计界研究的一个重要课题。

第一节　研究背景及意义

一、研究背景

（一）我国可持续发展总体水平较高，但环境可持续发展水平有待提升

人类是环境的一部分，环境为人类提供了生存条件，人类在与周围环境依托共生中得以进步发展。工业革命以来，人类社会经济发展与环境保护之间的矛盾日益凸显，工业革命提高了生产效率，但也带来了环境危机。在人类社会经历了诸多环境污染事件之后，人类才开始意识到环境保护的重要性。从1972年的《人类环境宣言》到1987年《我们共同的未来》，国际社会通过一系列文献和报告逐步确立了可持续发展理念，为环境保护议题的发展奠定基础。

根据联合国发布的《可持续发展报告2020》，2020年中国的可持续发展目标指数（Sustainable Development Goal Indicators，SDGIs）为73.9，在166个国家中排名第48位，位居前30%，然而中国的溢出指数为94.2，排名第84位，位于中等水平，环境负面溢出效应较大[1]。因此，我国整体可持续发展水平较

高，但是在环境可持续发展方面仍存在较大提升空间。

（二）能源结构转型势在必行，绿色低碳发展任重道远

中国是全球最大的能源生产国、消费国和进口国，在全球能源市场上发挥着举足轻重的作用。近年来我国能源结构持续优化，不同品种能源占比呈现不同趋势。“十二五”以来，原煤生产占比总体下降，2019 年占比较 2010 年下降 7.4 个百分点；原油生产总量占比持续下降，2019 年较 2010 年下降 2.4 个百分点；天然气和水电、核电、风电等清洁能源生产合计占比在 2016 年超过 20%，达到 22%，2017 年、2018 年、2019 年清洁能源生产占比分别为 22.8%、23.5%、24.3%。由此可见，我国能源结构虽然在不断优化，但对化石能源的依赖度仍然较高，能源结构转型仍是今后一个时期的重要工作与主要任务[2]。

生态兴则文明兴。面对气候变化、环境风险挑战、能源资源约束等日益严峻的全球问题，中国树立人类命运共同体理念，促进经济社会发展全面绿色转型，绿色低碳发展理念已经深入人心。国家主席习近平在第七十五届联合国大会一般性辩论上宣布，中国将提高国家自主贡献力度，采取更加有力的政策和措施，二氧化碳排放力争于 2030 年前达到峰值，努力争取 2060 年前实现碳中和，这为我国绿色低碳发展提出了宏伟远大的奋斗目标。现阶段，我国能源相关碳排放仍处于上升通道，但占全球的比重已进入平台期。2000—2019 年，中国能源相关碳排放从 31.0 亿吨增至 97.4 亿吨，平均增长 6.2%；占全球的比重从 13.3% 升至 29.3%，2012 年以来一直保持在 28% ~ 29%。分年代看，2000—2010 年年均增长 9.7%，2011—2019 年年均增长 2.5%，二氧化碳排放快速增长的局面得到扭转[3]。到 2030 年我国二氧化碳排放力争达到峰值，并最终在 2060 年实现碳中和，不仅需要全社会的认可与参与，还需要在能源消费、能源供给、能源技术、能源体制这四个方面推动革命，加强国际合作，持续推动能源结构转型，助力绿色低碳发展。

（三）环境管制日益完善，倒逼企业绿色转型

进入 21 世纪以来，尽管环境污染和破坏的现象在各国的努力下得到了抑制，各国政府针对污染媒介出台了相关环境法规，使环境保护工作有章可循、

有法可依。然而，新的环境问题依然层出不穷，因此对生态文明工作提出了新的考验。2019 年在纽约召开的联合国气候大会上提出了人类正面临气候变化带来的挑战，臭氧层破坏、气候变暖、碳排放等新的环境问题为全球的环境保护事业带来了危机。

自 2015 年“史上最严”生态环境保护法实施以来，中央进行了多轮环境督察，有力推动了环境问责。2018 年我国开始实行环境保护税，对污染物排放征收环保税。环境法、环境保护税法都从法律层面对企业的污染排放做出了最高环境管制，环境信息成为政府环境管制部门、企业和社会公众共同关注的信息。2021 年，生态环境部出台了《碳排放权交易管理办法（试行）》，并将生态环境损害赔偿制度写入《民法典》，加强了对企业的环境监管力度。随着环境制度的日益完善，企业面临的环境违法成本提高，促使企业越来越重视环境责任，绿色转型的内生动力逐渐形成。

在清洁低碳、绿色转型背景下，会计界也积极投身于环境保护的进程，深入探讨会计如何配合能源体制改革、如何与环境可持续发展战略实现深层融合。在环境法规日益严苛的今天，企业亟须突破传统会计的思维，提高会计计量与环境管制的适应性程度。

二、研究意义

从理论上看，本书研究的主要意义在于完善了环境会计理论框架。我国的环境会计发展以环境管制为主导，环境会计要素是环境会计理论框架的核心内容。然而，现有环境会计理论框架中的环境会计要素不能准确对接环境管制信息需求，给我国环境会计实践的发展造成了阻碍。本书基于环境管制主体信息需求，构建了包含实物维度、价值维度和综合维度会计要素的环境会计要素体系，该要素体系对我国环境会计理论框架的完善具有重要意义。

从实践上看，本书研究的主要意义在于构建了专门服务于环境管制的环境会计应用方法体系。研究以“计量—披露—评价”为逻辑，搭建了一套完整的适用于我国国情的环境会计应用模式。

针对环境会计要素的计量问题，本书设计了以实物计量为基础、以价值计量为补充、以能值计量为协调的要素计量方法。针对实物维度要素，以物质不灭原理为依据，用实物盘存法倒挤消耗要素，用可验证投入产出要素倒挤不可验证负产出要素，重点设计消耗要素和负产出要素的计量方法，有利于提高环境会计信息的真实性和可靠性；在价值维度，以实物计量为基础，重点设计消耗要素、产出要素和权益要素的计量方法，从而真实反映企业内部环境治理耗费和环境治理成效外部性损益；在综合维度，在对实物维度要素进行能值转化的基础上，对企业当期消耗要素和全部产出要素进行再计量，有利于实现环境可持续性评价需求。

针对环境会计信息披露问题，本书基于全生命周期管控环节及管控对象，设计了准入模式、运行管控模式和管制退出模式。基于实物维度、价值维度和综合维度所计量的投入产出会计要素，分别设计三种环境会计信息披露内容。根据政府环境管制部门和社会公众的决策目标与信息甄别能力差异，将环境会计信息披露内容具体分为面向政府环境管制部门的管制包专递内容和面向社会公众的公开信息披露内容。基于投入产出的环境信息披露模式与内容设计，有利于提高环境会计信息披露的针对性、规范性和有用性。本书所设计的一整套完整的环境会计报告体系，进一步丰富和完善了独立环境会计报告的内容。

针对环境管制主体如何利用本书所计量、披露的环境会计信息进行评价的问题，本书对环境管制主体在环境准入、运行管控和管制退出全生命周期评价环节提出政策建议，有助于企业环境治理效率的进一步提高，也有助于环境管制政策的进一步完善。

本书所设计的环境会计信息计量及应用体系，提高了企业环境会计与我国环境管制的适应性，对企业环境管理实践和我国环境可持续发展水平的提高具有重要的现实意义。

第二节 研究思路与框架

环境会计是用会计手段对企业环境行为进行规制的一门学科，对环境可持续发展具有重要意义。本书立足环境管制，以“界定信息—计量信息—披露信息—评价信息”为逻辑，对我国环境会计的计量及应用问题进行深入研究，具体研究内容如下所述。

第一，发现环境会计领域待解决的问题。从环境会计的研究背景和动机谈起，本书对国内外环境会计研究现状从会计目标、要素内容、计量属性、计量方法、信息披露和绩效评价六个方面对环境会计领域经典文献以及最新文献进行概述，在总结环境会计研究已取得成果的基础上，发现环境会计领域亟待解决的问题。

第二，梳理环境会计相关理论。对环境会计相关理论进行概括，寻找问题产生的理论根源，并为本书基于投入产出的环境会计信息计量及应用研究提供理论依据。

第三，分析问题产生的原因。立足环境管制信息需求，对环境会计信息供给现状进行研究。发现环境管制与环境会计都是以投入产出关系为逻辑，对各自目标达成与否进行评价。二者关于产出目标的不同，是造成环境会计要素分类、环境会计信息披露、环境绩效评价与环境管制不适应性的本质原因。因此，本书以投入产出为依据，立足环境管制对环境信息的需求，提出以环境会计要素体系构建为前提，以环境会计要素计量方法为基础，以环境会计信息披露为保障，以环境评价政策建议为目标的环境会计信息计量及应用方案。

第四，以投入产出为逻辑，构建环境会计要素。本书从实物、价值和综合三个维度构建环境会计要素体系，目的是为环境管制主体的环境评价提供相关信息。首先，环境管制主体需要对资源消耗和污染物排放情况进行核验，对相关信息提出了真实性和可核性的质量要求。因此，本书构建了实物维度环境会计要素，以作为环境管制主体信息核验的依据。本书依据物质投入产出关系，将实物维度环境会计要素划分为消耗要素、产品要素、正产出要素和负产出要素。其次，依据价值投入产出关系，在实物维度环境会计要素基础上，进一步构建了价值维度环境会计要素，包括投入要素、消耗要素、产出要素和权益要素。最后，为了满足环境管制主体对企业可持续发展水平提出的要求，本书对实物维度环境会计要素进行再分类，基于物质投入产出关系构造环境增益（减益）要素，以判断消耗要素的可持续发展潜力，基于产品要素、正产出要素和负产出要素的关系，构造环境综合要素，以判断企业整体可持续发展能力。

第五，针对所构建的环境会计要素体系，分别设计要素计量方法，从而为环境会计信息披露奠定计量基础。针对实物维度要素，基于重要性原则，设计消耗要素和负产出要素计量模型。消耗要素计量采用实物盘存制，即根据期初存量、本期购入量和期末存量，倒挤出当期消耗量，从而实现了消耗要素的可核性。关于负产出治理效率评价，本书认为，当期消耗负产出应等于当期消纳负产出，只有具备消纳路径的负产出才是真正得以治理的负产出，当消耗量等于消纳量时，说明企业当期产生的负产出被彻底治理完毕，否则不能证明负产出是否得到治理。基于上述原则，本书依据投入产出平衡关系，用可验证消耗要素量减去可验证产出要素，差额则为不可验证负产出要素，即逃逸负产出，代表企业未彻底消纳的负产出量，需要企业进一步对其治理，直至将其完全消纳。针对价值维度环境会计要素，本书分初始计量环节和后续计量环节对相关要素计量方法进行设计。在初始计量环节，主要阐述了投入要素价值的计量方法；在后续计量环节，主要依据单位消耗与消耗量的关系，设计产品、正产出和负产出的价值计量模型，并设计权益要素价值计量模型。由于不同物质之间存在质的不可比性，无法直接将实物维度投入产出要素对冲累加，故而本书采用能值分析法，对实物维度要素进行能值转化。基于能值转化结果，根据定义设计环境增益（减益）要素计量模型，以及环境综合要素计量模型。

第六，针对环境管制主体全生命周期评价需求，设计相应环境会计信息披露模式与内容。对环境管制强度与物质流信息披露水平二者关系进行实证研究，发现环境会计信息披露对象应以政府环境管制部门和社会公众两类主体进行区分。根据环境管制主体评价环节，构建包括准入模式、管控模式和管制退出模式的环境会计信息披露模式。基于实证分析结果，在三种模式下分别设计向政府环境管制部门的管制包专递内容，以及面向社会公众的对外公开信息披露内容。

第七，针对环境管制主体如何使用环境会计所提供的环境信息进行评价提供政策建议。针对环境准入环节，建议分别从宏观物质层面和微观元素层面对企业的准入资格进行评价。在宏观物质层面，基于物质投入产出关系对企业资源消耗和负产出排放总量进行核验，以预估负产出总量是否超标；在微观元素层面，基于元素投入产出关系对形成污染物的重点管控元素消纳量进行核验，以预估重点管控元素治理能力。针对运行管控环节，首先建议对负产出排放总量、负产出逃逸率设置上限；继而建议在上述要求达标的基础上再对企业整体可持续发展水平进行综合评价，针对实物维度、价值维度和综合维度的评价内容，构建三维环境绩效评价指标体系，使用可持续发展指数对企业环境可持续发展水平进行等级划分。针对环境退出环节，建议以重点管控元素是否实现彻底消纳作为环境退出的判定依据。如果重点管控元素消耗量大于其消纳量，则说明企业环境治理不彻底，需要继续对重点管控元素进行消纳，直至消纳完毕方可退出。

第八，成果与结论。对基于投入产出的环境会计信息计量及应用方案进行概括总结，以概括本书的逻辑思路与具体结论。

第三节　技术路线与研究方法

一、技术路线

图 1-1 为本书的技术路线图，该图揭示了各章节之间的逻辑顺序和关系。

二、研究方法

本书采取规范研究和实证研究相结合的方式进行研究，具体研究方法阐述如下：

在规范研究方面，本书综合采用归纳、演绎、推理和比较的研究手段，借助经济学、环境科学、生态学和会计学等多种学科的理论与方法，围绕环境会计信息计量及应用问题展开相关研究，包括文献研究法和交叉研究法。文献研究法：本书对环境会计信息披露研究领域文献进行广泛阅读和理解，并在此基础上对该研究领域的研究现状（包括主要学术观点、现阶段研究成果和研究水平、存在的问题等）、新水平、新动态、新技术和新发现、发展前景等内容进行综合分析、归纳整理和评论，力图获取环境会计研究领域内所涉及的最新研究成果，将上述内容进行归纳总结并提出自己的创新点和研究路径。交叉研究法：运用多学科的理论、方法和成果从整体上对环境会计应用体系进行综合研究。本书综合了经济学、环境科学、生态学和会计学等多种学科。

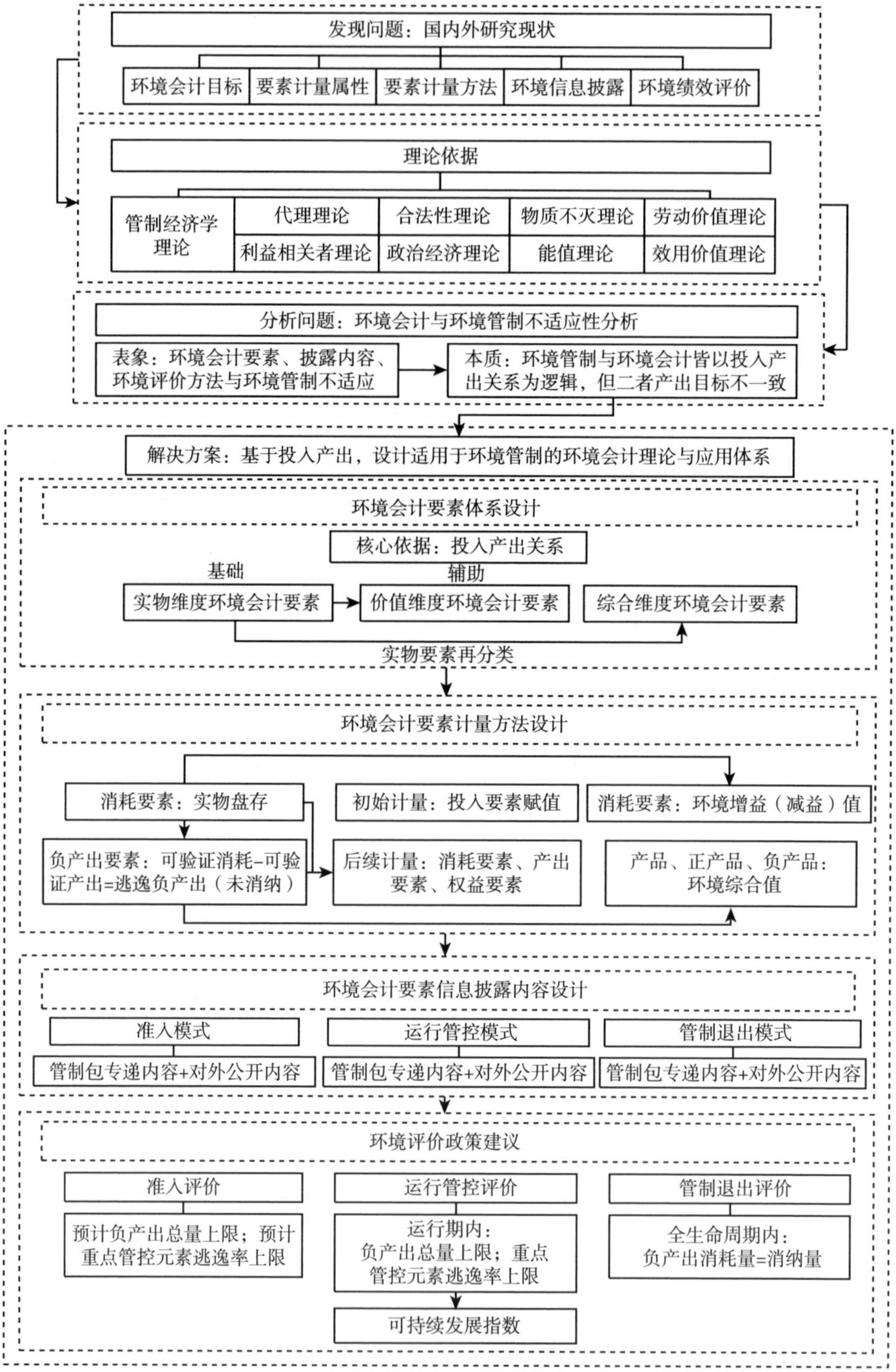

发现问题：国内外研究现状
环境会计目标
要素计量属性
要素计量方法
环境信息披露
环境绩效评价
理论依据
管制经济学理论
代理理论
合法性理论
物质不灭理论
劳动价值理论
利益相关者理论
政治经济理论
能值理论
效用价值理论
分析问题：环境会计与环境管制不适应性分析
表象：环境会计要素、披露内容、环境评价方法与环境管制不适应
本质：环境管制与环境会计皆以投入产出关系为逻辑，但二者产出目标不一致
解决方案：基于投入产出，设计适用于环境管制的环境会计理论与应用体系
环境会计要素体系设计
核心依据：投入产出关系
基础
辅助
实物维度环境会计要素
价值维度环境会计要素
综合维度环境会计要素
实物要素再分类
环境会计要素计量方法设计
消耗要素：实物盘存
初始计量：投入要素赋值
消耗要素：环境增益（减益）值
负产出要素：可验证消耗-可验证产出=逃逸负产出（未消纳）
后续计量：消耗要素、产出要素、权益要素
产品、正产品、负产品：环境综合值
环境会计要素信息披露内容设计
准入模式
运行管控模式
管制退出模式
管制包专递内容+对外公开内容
管制包专递内容+对外公开内容
管制包专递内容+对外公开内容
环境评价政策建议
准入评价
运行管控评价
管制退出评价
预计负产出总量上限；预计重点管控元素逃逸率上限
运行期内：负产出总量上限；重点管控元素逃逸率上限
全生命周期内：负产出消耗量=消纳量
可持续发展指数

图 1-1　技术路线图

在实证研究方面，综合运用实地调研法和实证分析法，通过对相关数据的收集、整理和分析，建立回归模型，对环境会计的应用现状和应用方法进行实证检验。实地调研法：本着理论与实践相结合的理念，本书将采取实地调研法，对电力行业的燃煤发电企业的环境会计管理现状进行调研，获取相关数据和资料。实证分析法：本书将预先设计线性回归模型，利用计量经济的原理，对环境会计的影响因素及其作用机理进行多元回归分析，力求使本书的研究内容的分析和论述更加完整和更具说服力。

第四节 主要创新点

本书以环境管制为立足点，基于物质不灭理论对环境会计信息计量及应用问题进行了深入研究，具体创新点如下：

第一，环境会计要素外延创新。我国的环境会计发展以环境管制为主导，以环境管制为目标的环境会计理论框架结构已初步形成。然而，现有环境会计理论框架中的环境会计要素不能准确对接环境管制信息需求。因此，本书基于环境管制信息需求，创新了环境会计要素。本书根据环境管制主体全生命周期管控要求，从中提炼出实物维度、价值维度和综合维度三类环境信息需求。针对环境管制对污染物消纳路径管控的潜在需求，基于投入产出守恒关系，设计包括消耗要素、产品要素、负产出要素和正产出要素的实物维度环境会计要素，以有效解决企业转嫁污染物从而规避环境责任的问题。之后以实物要素为基础，设计价值维度和综合维度的环境会计要素，从而为环境管制主体的环境评价提供重要补充信息。基于投入产出的环境会计要素体系的创新，从根本上解决了环境管制目标下环境会计与环境管制不适应的问题。

第二，环境会计计量方法创新。目前，我国环境管制思路正在逐步由“总量控制”“浓度监测”向“消纳追踪”演进。基于物质不灭原理，当期消耗等于当期产出，企业产出包括产品产出、正产出和负产出。用可计量的消耗减去可计量的产出，余下不知去向的产出就代表未消纳的负产出。环境管制部门需对未彻底消纳的产出进行进一步管控，直至彻底消纳。基于上述思路，本书基于物质投入产出守恒定律，采用实物盘存法计量消耗要素，继而用消耗要素、全部可验证产出要素推算出未消纳负产出，从而为环境管制部门提供“消纳追踪”核验依据。本书立足环境管制，设计了以实物计量为基础、以价值计量为辅助、以能值计量为补充的环境会计要素计量方法，尝试性地突破了环境会计要素的非货币计量瓶颈。

第三，环境会计信息披露模式创新。本书以投入产出环境信息为基础，针对全生命周期环境管控环节，创新了环境会计信息披露模式。根据环境准入管控、运行管控和退出管控三个环节，对应设计环境会计信息披露的准入模式、运行管控模式和管制退出模式。针对三种不同的信息披露模式，在考虑政府环境管制部门和社会公众信息甄别能力和决策目标差异的基础上，基于投入产出环境会计信息，分别设计面向政府环境管制部门的管制包专递内容和面向社会公众的公开信息披露内容。本书设计的一套完整的环境会计信息披露报表，极大地丰富和完善了独立环境会计报告的内容。

第四，环境评价方法创新。基于投入产出环境信息计量内容及披露内容，创新了环境管制评价方法。针对环境准入环节，提出对企业负产出总量治理效率和重点管控元素逃逸率进行评价。针对运行管控环节，构建包含实物维度、价值维度和综合维度指标的三维环境评价指标体系，构造可持续发展指数对企业环境可持续发展水平进行评价。针对环境退出环节，提出环境管制主体以重点管控元素是否实现彻底消纳作为企业环境退出资格的评判依据，直至消纳完毕方可退出。本书所提出的基于投入产出的评价方法，丰富和完善了环境监管指标，可以有效解决企业污染物转嫁的问题。

第二章　环境会计理论基础与文献综述

本章的主要内容是阐述与环境会计相关的理论，以及梳理与环境会计相关的国内外文献。在理论基础方面，本章围绕环境会计的实质、目标以及计量对相关理论进行了阐述；在文献综述方面，本章从环境会计目标、计量属性、要素、信息披露和绩效评价等方面对国内外文献进行了综述。本章所阐述的理论和文献，为本书内容奠定了理论依据。

第一节　环境会计理论基础

一、管制经济学理论

管制（Regulation）或规制，是政府对市场活动做出的强制性要求。管制经济学（Economics of Regulation）或规制经济学，是经济学的一门分支，主要研究市场失灵情况下政府对市场活动的管制行为。

良好的经济运行离不开“看得见的手”和“看不见的手”的共同作用。当市场失灵时，政府可以对市场主体的活动和行为进行影响、干预和限制，即政府管制。政府管制可以分为经济性管制和社会性管制，经济性管制通常是指政府对企业在价格、数量以及市场进出方面所施加的限制。

在 20 世纪 70 年代以前，管制主要是指经济性管制，70 年代以后，社会性管制逐渐发展，并伴随着经济与环境这组矛盾的加剧而越加重要。环境管制属于社会性管制的范畴，是政府对企业的环境行为进行的约束和控制，目的是尽可能减少环境的外部性，并实现社会整体的可持续发展。对企业的环境行为作出约束的部门通常被称为环境管制主体。环境管制主体根据环境法规对企业的环境行为作出限制，以实现环境资源的优化配置以及社会整体的可持续发展。

20 世纪 70 年代，美国国会设立了一系列机构，负责健康、安全和环境质量方面的监管，环境管制理论被广泛应用于政府的环境管制政策中。环境管制主要是针对环境问题进行的管制，环境问题的实质可以用外部性解释。

外部性是指一个经济主体的经济活动对其他经济主体的活动所造成的影响。著名经济学家科斯（1960）用经典的农场案例阐释了外部性的实质[4]。外部性是指一个主体的经济行为对另一个主体产生影响，然而这种影响却不计成本和价格。外部性是影响效率的主要因素，可以用公式（2－1）表达。

$$F=f(X_i^1,X_i^2,X_i^3,\cdots,X_i^m,X_j^n)(i\neq j) \tag{2-1}$$

外部性有正负之分，正外部性是指因为 X_j^n 的存在而受益，负外部性是指因为 X_j^n 的存在而遭受损失。如果某个居民在自己的生活环境附近植树，树会造福于周围邻居，这被称为正外部性。如果某个化工厂向外排放污染物，污染物会对附近的居民造成损害，但是却没有支付给居民赔偿，这被称为负外部性。环境污染是典型的负外部性的情况，即某一个体的环境污染行为会使其他个体的利益受损。

根据高斯的理论，解决外部性的关键举措是赋予产权。对环境的外部性而言，高斯认为，只要明确了污染的权利，污染者和受害者就可以自由交易以实现环境问题的帕累托最优。但是在很多情况下，市场机制难以解决外部性问题。首先，高斯定理假设交易成本为零，这在大多数情况下是不现实的。其次，环境问题不仅影响当代人，也影响后代人，而后代人无法参与到当代人的交易中。最后，在不受约束的市场中，生产者只用支付生产商品的私人成本，而不用支付社会成本，因此生产者不会将环境问题纳入考虑范围。但是，如果有环境管制的存在，那么社会成本就成为生产者生产成本的一部分，环境管制政策会使生产者正视环境问题并把污染成本考虑在内。因此，仅靠市场力量解决外部性问题是远远不够的，需要一种强制力来保证外部性的有效解决，这种强制力的实施被称为环境管制。

信息问题在环境管制中也扮演着重要的角色。一方面，政府作为大量信息的中转站，其信息传播的广泛度和效率会更高，而企业如果不能从信息中获益，就缺乏研究和披露信息的动机。因此，环境信息的研究和驱动以及相关信息披露的工作在很大程度上都来源于政府的推动。另一方面，政府在环境领域的政策涉及市场行为的各个方面，而这些方面本身并不涉及自愿交易。例如，居民虽然受到当地发电厂空气污染的影响，但并不愿意为这种空气污染买单，从而造成了交易市场的缺失，因此居民无法得到补偿。在没有这种市场交易的情况下，价格缺乏合理的估计，环境信息计量的基础环节缺失，导致信息披露的困难。

环境会计信息是企业与政府在环境管制方面的桥梁，企业对环境管制的遵守程度需要以环境会计信息为载体进行核验。与一般商品不同，环境会计信息具有外部性特征和公共物品属性，因此极易产生市场失灵，这使环境会计信息披露不能脱离政府环境管制而单独存在。以下将从环境会计信息的外部性特征以及环境会计信息的公共物品属性说明环境管制对环境会计信息披露的意义。

环境会计信息也是一种商品，商品既遵循经济发展的一般规律，也面对经济发展的客观矛盾，当矛盾不可调和时，市场失灵的问题就会显现。环境会计信息披露具有一定的外部性，一家企业披露环境会计信息可能通过改变市场对行业的期望的方式给同行业其他企业带来外部性。如果企业不愿意披露环境会计信息，则市场的流动性会受到影响，从而造成高昂的社会成本。因此，市场无法使环境会计信息披露达到最优，此时政府的力量就得以显现。政府的环境管制具有法定性和强制性，其目的是降低信息不对称的程度。环境会计信息披露可以降低市场主体和政府之间信息不对称的程度，并向政府传递出良好的信号。

环境是一种公共物品，而环境会计信息具有公共物品属性。上市公司的环境会计信息一经发布，很难阻止其他人对信息进行传播，因此排他性弱、竞争性低，故而具有公共物品的特征。公共物品的共同消费特征所带来的搭便车现象会导致环境会计信息供给的不足，因此有必要提供环境会计信息供给的数量和质量以减少信息不对称对市场有效性的影响。环境会计信息的公共物品性质为服务于环境管制的环境会计信息披露提供了理论依据。公共物品的非排他性意味着环境会计信息的共同无偿消费现象不可避免，环境会计信息提供者无法获得提供环境会计信息的补偿。同样，公共物品的特征决定了市场在有效配置环境会计信息披露效率上的无能为力，即市场无法有效调节环境会计信息的供需平衡。因此，只有在政府管制下，企业才能高效无偿地提供环境会计信息。提供规范的环境会计信息所带来的合规性的好处可以补偿为供给环境会计信息所付出的成本。所以，环境会计信息披露要在政府环境管制的背景下进行。

二、环境会计目标相关理论

在会计理论体系中，会计目标作为最根本的要素，决定了会计的信息质量特征。本节梳理了与环境会计目标相关的理论基础及其发展脉络，讨论了环境会计目标是如何既发展于传统会计又区别于传统会计。本节梳理了与环境会计目标相关的代理理论、合法性理论、利益相关者理论以及政治经济理论。

1. 代理理论

代理理论探讨的是股东和管理层之间的关系，是委托人委托代理人代表他们执行决策权。在代理关系中，股东是雇佣方，而代理人是提供服务的一方。代理关系中存在两个关键问题：第一，委托人和代理人目标不一致的问题，第二，由委托人和代理人风险态度不一致所导致的行为不一致的问题。在环境信息披露问题中，代理人有更强的动机提供环境绩效，因为在向利益相关者传递环境责任信息时使用的是公司的资源而非自己的资源。另外，环境绩效收益的实现往往是一个长期的过程，因此代理人更有动机使用短期手段。

此外，代理关系还存在信息不对称的问题，尤其是在股东和经理人之间，因此信息披露可以降低信息不对称的程度。代理理论假设当披露成本小于披露收益且信息披露行为与经理人的利益相一致时，经理人才会选择披露环境信息。代理理论假设人的行为是短期的、利己的而不考虑道德层面，且代理理论没有区分价格和价值，因此该理论在解释企业的社会行为方面有所欠缺。

在代理理论下，环境会计的目标是基于市场效率和股东利益的，所有与道德、伦理、社会和环境相关的问题都属于“噪声”，干扰了与决策相关的利益最大化这一首要经济使命。代理理论强调市场的重要性，而环境问题恰恰是市场失灵的产物，因此用代理理论解释环境会计的目标与环境会计的初衷南辕北辙。然而，在现实生活中，研究人员往往会发现追求利益最大化的企业也会自愿披露环境信息，这是因为它们将环境会计看作是增加股东财富的新工具，这本质上是一种合法性的体现。

2. 合法性理论

合法性理论是指企业作为社会的一部分，企业的价值体系与社会的价值体系相一致的一种条件或状态。当二者发生冲突时，不论是实际的或潜在的，都会对企业的合法性造成威胁。合法性理论常应用于政治领域的议会民主制以及商业组织领域。在商业组织领域中，根据合法性理论，企业应该响应社会的需求，提供社会所需要的以改善形象并维持他们目前在社会中所扮演的角色。一个企业的生存及经济目标的实现取决于在社会上遵守必要程序的义务。合法性理论旨在识别社会对企业在社会和道德价值绩效方面的期望。

合法性理论强调了社会接受程度对企业生存的重要性。如果企业的行为对社会有害，公众会自觉抵制企业的产品或对政府施压以寻求介入。因此，合法性理论应该建立在社会契约的概念上，社会契约是指社会为企业提供了利用资源的权利，企业可以使用这项权利并进行产出。企业没有享受收益的权利，社会希望企业产生的收益大于社会成本。若企业没有有效使用社会所赋予他们的资源，那么契约可以被终止。这样做的结果是企业的合法性地位受到威胁，从而影响企业获取财务和人力资源并影响市场战略的实施。

当企业面临合法性的挑战（例如重大安全事故、环境污染事件以及商业丑闻等）时可能采用的四种战略：第一，教育和告知利益相关者有关公司行为的表现，披露与企业意图相关的信息；第二，改变利益相关者对事件的态度，但不改变公司的实际行为；第三，将注意力转移到其他正面事件上；第四，改变外界对企业行为和表现的期望，尤其是当发现外界对公司的行为和表现存在不切实际或不正确的期望时。上述四种战略都要借助于信息披露这一手段，应用社会和环境信息披露的方法可以有两种途径：对突发事件（重大污染事件）进行信息披露和常规积极信息披露。其中，后者比前者的作用更有效，因为常规信息披露可以使企业持续处于合法性状态。企业可以借此在社会中维持合法性地位从而得以生存。显然，上述合法化战略认识到了除了股东以外的利益相关者的重要性，但其在环境会计的目标上仍是将股东权利置于其他利益相关者的权利之上，对利益相关者强调的是管理而非受托责任。在合法化理论下，环境会计只有对公司的声誉、市场和经营有益时才有实施的必要，而利益相关者理论在此基础上更进一步。

3. 利益相关者理论

利益相关者是指与企业相关的可以影响企业也可以被企业行为所影响的团体。企业应该通过建立合理的组织架构和适用的政策以满足所有利益相关者的合法需求。可见，环境会计向合法性理论看齐这一现象已经可以表明环境会计的本质是一种社会现象。利益相关者理论与合法性理论是互为补充的关系。利益相关者构成了企业合法性的环境，同时，利益相关者理论中对利益相关者进行识别的标准之一就是是否具备合法性。根据利益相关者理论，利益相关者的地位是平等的，股东只是其中的一员，从而否定了企业是股东所拥有的这一传统观念。因此，企业的持续经营需要利益相关者的支持，而且为了获取这些支持企业必须为之付出努力。利益相关者的力量越强大，企业越应该关注利益相关者的需求。

利益相关者分为基本利益相关者（Primary Stakeholder）和次级利益相关者（Secondary Stakeholder）。基本利益相关者是企业赖以生存的团体，对企业活动施加的影响是直接的，通常由股东、投资方、雇员、顾客、供应商、管理层、政府和社会组织构成。次级利益相关者也可以与企业存在交互影响，但是不存在经济关联，因此对企业的生存的重要性较弱，主要包含媒体和社会公众。企业和基本利益相关者的关系是最重要的，他们的需求决定了企业的政策和项目。当两种利益相关者的需求产生冲突时，企业会根据基本利益相关者的期望进行决策。

加入了合法性理论与利益相关者理论的环境会计与传统会计存在两大区别。第一，对环境会计的作用的认识不同。传统会计认为企业是社会的中心，将环境问题看作企业经营的一部分，关心环境会计对股东价值的影响。传统会计认为环境也可以被管理，将环境支出看作企业的一项成本或负债，披露环境信息是为了提高声誉、改善形象，最终在市场上实现最大盈利。而利益相关者理论下的环境会计认为企业的生存和发展与利益相关者息息相关，环境信息披露是企业与利益相关者沟通的渠道，是提高公司透明度和履行受托责任的手段。第二，对股东和其他利益相关者的认识不同。传统会计强调股东利益的优先性，企业只有在关注利益相关者有利可图时才会考虑他们的利益，一旦股东和其他利益相关者的利益发生冲突，应当以股东利益为先。因此传统会计重点关注的是股东的信息需求。在利益相关者理论下，会计作为一种社会管理机制而存在，企业应当对其耗用的资源负责，受影响的群体应该防止企业滥用权利。信息被当作一种社会监督的手段，环境会计的作用就是要扩展信息的监督作用以保护其他利益相关者。

利益相关者理论有两种分支，分别是道德分支（Ethical Branch）和管理分支（Managerial Branch）。从道德分支的角度，公司必须考虑所有利益相关者的需求，并将公司的经营活动告知所有的利益相关者。利益相关者理论的道德分支是建立在社会契约上的。社会契约给予利益相关者获取企业收益并被告知企业活动对他们的影响的权利。因此，企业必须知道如何根据利益相关者的需要调整自己的行为，例如，根据社会期望的变化调整信息披露的内容。然而，利益相关者的道德分支不能直接预测管理行为。因此，企业需要识别特定的利益相关者群体，尤其是权力较大的群体，因为他们可以利用所控制的资源对企业施加影响。道德分支不能解决社会和环境信息披露问题。

利益相关者理论可以解释企业实施环境会计的动因，即通过提供信息以满足特定利益相关者的需求。然而，该分支不能解释社会和环境信息披露的种类和性质，因此企业难以确定最重要或最有影响力的利益相关者。此外，任何经济活动都不能脱离社会、政治和制度因素的影响而存在，所以不能脱离上述背景孤立地看待经济问题。因此，学者们也试图从政治经济学中寻找环境会计的理论基础。

4. *政治经济理论*

政治经济理论可以从社会、政治和经济的视角解释环境信息披露的目标。政治、经济和社会体系是不可分割的整体，例如经济事件不能脱离政治和社会背景来研究。会计学在很长一段时间依赖于古典经济理论，然而，20 世纪五六十年代发生在英国和美国的被称为“剑桥之争”的经济学大论战将古典政治经济学重新带回到经济学讨论的中心。人们认识到，资本主义经济必须加入政治和社会的概念。会计理论界对此迅速做出了反应，从古典经济学转而向政治经济学中寻找出路。会计理论界认为，会计学家们不应该只在经济领域讨论会计问题，会计问题应该在社会和政治领域受到同等的重视。过去人们认为市场的自由运行可以解决社会与经济问题，但是“剑桥之争”说明政治和社会条件是经济分析的依据，会计问题同样无法脱离政治和社会而存在。

政治经济理论分为两部分，分别是马克斯·韦伯（Marx Weber）的古典政治经济学理论和约翰·穆勒（John Mill）的资产阶级政治经济学。古典政治经济理论建立在结构冲突、不平等以及政府角色等思想上。相反，资产阶级政治经济学认为一个阶级不能对其余阶级施加控制。用古典政治经济学解释企业的社会和环境信息披露是基于系统整体的合法性而言的。国家代表了弱势群体的利益，国家通过对企业实施限制手段以维护系统整体的合法性，它从强制性的角度解释了环境会计的目标。资产阶级政治经济学考虑了不同资本主义团体的关系，例如企业和环境保护组织、地方政府和国家等。而古典政治经济学没有分析不同的资本主义团体的互相协商的作用。换句话说，资产阶级政治经济学认为企业进行社会和环境信息披露是为了回应社会、政治和经济团体所施加的压力。企业将环境信息披露作为一种保护自身利益的工具，以减轻外部团体所施加的压力。

合法性理论和利益相关者理论来源于资产阶级政治经济学。合法性理论以多元世界为基础，反映了资产阶级与社会各方进行协商。企业用社会和环境信息披露的方式使其经营合法化并转移来自社会的批评。利益相关者理论也是资产阶级政治经济学的分支，因为它从组织管理的角度出发，而组织管理从战略上关注企业的持续成功。这意味着社会团体会通过法律或威胁使用法律的方式对企业施加压力以驱使企业披露社会和环境信息。

无论是利益相关者理论还是合法性理论，都是为了改变古典经济学的纯经济思维，将企业的活动放在政治和社会中加以考量，会计被看作是一种协调企业和社会关系的工具。因此，环境会计应作为协调企业环境活动和社会环境管制的工具。由于我国企业的环境污染行为受到相关环境管制主体的严格约束，故而我国环境会计的主要目标应该以“管制有用”为出发点，围绕环境管制这一主要目标探讨会计要素、会计假设和会计原则。

三、物质不灭理论

物质不灭理论，又称为物质守恒原理，是科学中最基本的定律，它是研究化学反应和化合物性质的基础，也是科学家研究化学反应及其产物的本质规律。物质不灭理论认为，质量不能被创造或毁灭，只是从一种形式转移到另一种形式。

在任何化学反应中，反应物或成分（共同反应的物质）的质量必须与反应产物的质量相同。以木材的燃烧为例，当木材被燃烧时，产生的产品似乎比原始木材要少，这是因为大部分木材以二氧化碳、水蒸气和其他气体的形式泄漏到大气中。物质以气体的形式逸散到大气中，这种开放式的户外环境就是开放式系统。与开放式系统对应的是密封系统，在密封系统中，人们可以捕捉这些气体并测量它们的质量以及剩余的灰烬和木炭，此时燃烧后的质量将与原始木材的质量一致。

1756 年俄国化学家洛蒙诺索夫把锡放在密闭的容器里煅烧，发现容器和容器里的物质的总质量在煅烧前后并没有发生变化，于是初步认为，化学变化中物质的质量是守恒的。之后，法国人拉瓦锡于 1777 年重复了这一实验并得出了同样的结论。20 世纪初期，德国化学家廊道尔特（Landolt）及英国化学家曼莱（Manley）提高了实验的精度，分别重复了拉瓦锡的实验，发现反应前后物质质量的变化小于千万分之一，在实验误差范围之内，由此物质守恒这一定律获得了学术界的公认。

在任何与周围隔绝的物质系统（孤立系统）中，无论发生何种变化或过程，其总质量保持不变，是自然界的基本定律之一。物质不灭定律对企业的指导意义在于，经济活动本质上是从环境中取得资源进行转化并实现价值量上的增值的活动。从物质的角度讲，经济活动不会产生新的物质，而是将从环境中取得的物质进行转化。物质不灭原理对企业来说有两方面意义，一方面，企业从环境中取得物质并进行转化；另一方面，企业从环境中取得的物质最终要回到环境中。企业环境会计所要回答的是，企业如何在既定的物质资源的前提下，高效地利用物质资源并安全地返回物质资源以协调经济发展和环境保护的矛盾。物质不灭理论是环境会计计量的理论依据，环境会计要素的真实性、可核性及可验证性都依赖于物质不灭这一定律。

四、劳动价值理论

劳动价值理论（Labour Theory of Value）是马克思主义政治经济学体系的理论基础，马克思在其著作《资本论》中对其做出了详细的演绎和推理。劳动价值理论认为商品的价格是基于劳动所创造的价值，其基本理论逻辑是“劳动—价值—价格”。

劳动价值理论是早期经济学家用于解释为什么商品可以以某种相对价格在市场上进行交换的一种理论。劳动价值理论认为，商品的价值是由生产商品所必需的平均劳动小时数所决定的，并且可以客观地加以衡量。在劳动价值理论中，生产一种经济产品所需的劳动是该产品价值的来源。

劳动价值理论交织了马克思分析的各个方面，马克思的经济著作《资本论》几乎完全建立在生产资料的资本主义所有者和无产阶级劳动力之间的紧张关系之上。马克思之所以被劳动价值理论所吸引，是因为他认为人类劳动是市场上交换的所有商品和服务所共有的唯一特征。然而，对马克思来说，两种商品只拥有同等数量的劳动是不够的，这两种商品还必须具有相同数量的“社会必要劳动”。马克思运用劳动价值理论对古典经济学进行了批判，马克思向古典经济学家提问，“如果在资本主义制度下，所有的商品和服务都以反映其真实价值的价格出售，所有的价值都以劳动时间来衡量，资本家还如何享受利润呢？”答案是“除非他们付给工人的工资低于其劳动的实际价值”。马克思正是在此回答的基础上发展了资本主义剥削理论。

劳动价值理论可以解释具有交换市场的商品的价值计量问题，而对自然资源要素、生态环境要素等缺乏可交换市场的资源的价值没有进行合理的解释。现有环境会计要素主要的计量属性都是建立在劳动价值理论上的价格估计。随着时代的进步与发展，生态资源和自然资源的价值也逐渐受到理论界的重视，如何对这部分可利用的资源进行合理的价值估计，成为制约环境会计要素计量的关键因素。

五、效用价值理论

效用价值论（Utility Theory of Value）是以人对物品或服务的效用的主观心理评价作为价值基础的一门经济理论。17 世纪至 18 世纪，英国早期经济学家巴尔本最早描述了效用价值的概念，他认为，商品的价值由效用决定，没有用的物品就没有价值。19 世纪 30 年代以前，效用价值论没有提出效用与价值的具体关系，只是停留在理论探讨阶段。在 19 世纪 30 年代以后，德国经济学家提出了价值随边际效用递减的规律，效用价值论被更具体地称为边际效用递减理论。19 世纪 70 年代，以边际效用为价值基础的理论体系正式形成。

效用是指物品或服务满足人类欲望的能力或人类从物品或服务中获得的满足程度，效用是一种主观评价而不是客观评价，只有人类参与时才得以实现。边际效用是指增加一个单位的消费所增加的效用的量；边际效用递减是指，随着单位消费的增加，消费者获得的增量效用或满足感越来越小，即总效用递增的速度不断降低。在既定消费组合的情况下，假定一种商品的消费数量不变，该商品的边际效用随着另一种商品的消费量增加而逐步减少。

边际效用理论下，商品的价值不是由社会必要劳动时间决定，而是由边际效用决定的，即人们对最后一个单位的物品或服务的主观评价。决定物品或服务价值大小的，不是物品或服务的最大效用，也不是物品或服务的平均效用，而是其最小效用（最不迫切的那项需要的重要程度）。物品或服务的价值由边际效用决定，而边际效用的大小取决于供需，需求越强烈，边际效用越高。

边际效用理论认为，物品或服务的价格取决于主观价值和市场供求关系，价格是供求双方对物品或服务的主观评价达到均衡的结果。效用价值论的均衡按照分析条件和方法的不同，又分为局部均衡和一般均衡。局部均衡意味着，假定其他物品或服务的价格不变，则某种物品或服务的价格仅由该物品或服务的供求双方的主观评价决定，均衡价格是供求达到均衡时的主观评价下的边际效用。一般均衡则是分析所有物品或服务在相互影响的前提下的价格，各物品或服务的价格比等于各自的稀缺性之比。

劳动价值理论与效用价值理论都来自价值理论，但是二者对价值的认识却不尽相同。关于价值的来源，劳动价值理论认为人类劳动是价值的唯一源泉，而效用价值理论认为商品的效用（使用价值）是价值的来源。商品是劳动力和生产资料的结合，人力和物力缺一不可。商品的人力是指人的劳动力，物力则来自自然。劳动创造价值并不意味着劳动是价值的唯一源泉，劳动与自然资源共同构成了价值的来源。因为，自然资源虽然没有凝结无差别的人类劳动，但是对人类社会而言却具有使用价值，诸如煤炭、石油等非可再生资源就具有使用价值。商品交换不仅是社会必要劳动时间的交换，也是消耗的自然资源的交换。因此，劳动价值理论和效用价值理论是既对立又统一的关系，商品价值的大小，应该是人类劳动和自然资源共同价值的体现。

六、能值理论

能值理论（Emergy Theory）由美国生态学家奥德姆（H. T. Odum）于 20 世纪 80 年代创立，该理论由生态能量学和生态经济学发展而来，旨在定量分析人类社会与自然环境之间的交互作用。能值理论涉及社会学、生态学、能量学、经济学、环境科学、地球科学等多种学科，是一门跨学科、跨领域的交叉学科。

能值（Emergy）的含义是指某种能量所包含的另一种能量的数量，是产品或服务形成过程中投入的有效能的总量。任何能量归根结底都来自太阳能，任何能量都是由太阳能一步步转化而来，故而任何能量的大小都可以用太阳能量的大小表示，太阳能的量即太阳能值（solar emjoules，缩写为 sej）。能值理论以太阳能值为标准，衡量其他所有类别的能量的价值。

能值转换率（Transformity）是其他能量转化为太阳能值的比率，就是单位物质或能量的形成过程所投入的太阳能值的量，单位为太阳能值/克（焦耳），即 sej/g（J）。换句话说，能值转换率就是每克物质或每焦耳能量相当于多少太阳能值，某种能量的能值转化率越高，其能量等级越高，能质越高。人类劳动、信息、机器设备等属于高能质，其能值转化率高，太阳能、雨水势能等原始能源属于低能质，其能值转化率低。能值理论的难点在于不同物质和能量的能值转换率的计算，能值转换率的计算是多种学科应用的结果。迄今为止，奥德姆以及相关研究人员经过大量的研究，换算出了主要物质和能量的具体的能值转换率，这些能值转换率常被用作国家、地区等大系统的能值分析，其他系统的能值转化率由于投入、消耗的能源种类和生产方式的不同而有所差异。

生态系统和经济系统均涉及能量的流动和转化，长期以来能量被作为一种衡量尺度，可以对各种系统进行能量分析。虽然用能量单位（焦耳）可以实现数学上的可加性，但不同的能量来源不同，存在质与价值的差异。不同能量的质的差异使得不同能量之间存在不可比性，煤炭简单燃烧产生 1 焦耳的能量和工业发电产生的 1 焦耳能量所耗的精力不同，因此不能简单加以比较。但是以能值作为不同能量的度量标准，则可将原本不可比较的能量都建立在太阳能值上，从而实现了质的可比。

能值不仅可以解决不同能质之间不可比的问题，还起到连接自然生态系统和人类社会经济系统的作用。货币可以衡量人类活动的价值，但是不能衡量自然的价值，因为货币只作为报酬支付给人类而不支付给自然。然而，人类社会中的许多商品归根结底都是自然供给的，如果没有自然的作用，就不会有人类社会的各种财富。虽然效用价值理论可以通过衡量人们对物品或服务的满足程度将自然资源的价值货币化，但是这种货币化是一种主观评价，结果因人而异。而一切资源都包含能值，能值是客观存在的，是衡量自然和人类经济活动共同的客观标准。自然资源和人类社会的资源都可以通过能值转换率转化为能值，从而实现自然系统和人类社会系统的有机统一。

能值理论通过太阳能值的计算，把能量、物质和货币三种流量综合起来定量分析，从而实现了生态系统和经济系统的统一。能值理论因此成为生态学和经济学之间联系的重要桥梁。应用能值，可以把能流、物质流和货币流三者结合，并构建生态与经济效率的指标体系，为环境会计的应用打下了理论基础。

第二节　环境会计相关文献综述

本节旨在回顾既往文献，在总结前人研究的基础上发现环境会计领域亟待解决的问题并针对这些问题阐述本书可能的贡献与创新。

一、环境会计目标

1971 年，比蒙斯（F. A. Beams）《控制污染的社会成本转换研究》一文的发表，标志着环境问题开始被纳入会计领域进行研究。环境会计的理论研究引发了国外学者的广泛重视，会计目标作为会计理论体系的逻辑起点成为环境会计理论重点研究的内容之一。

随着经济发展与保护环境的矛盾日益突出，会计理论界认识到传统会计在衡量社会成本方面的作用微乎其微，故而 Ullman 和 Arieh（1976）[5]、Gray 和 Bebbington（2000）[6]提出应该在企业中引入环境核算方法对企业经营活动的环境影响进行评估。

国外学者对环境会计的目标持如下观点：Vogel（1997）提出环境会计的目标是环境保护和环境合规[7]；Gray（2002）[8]和 Ball（2007）[9]认为环境会计的目标是证明环境合规；John（2010）认为环境会计的目标具有内部管理和外部合规的双重性质[10]；Christensen 和 Himme（2017）认为环境会计的目标对内是服务于企业能源资源消耗监测[11]；Clo，Ferraris 和 Florio（2017）认为，政府管制可以创造出提高环境质量的特殊激励机制，在环境目标缺失或不够理想的情况下，环境监管可以实现环境目标[12]；Zhelyazkova（2019）认为环境会计的目标是对财务报告中提交有关环境活动的非财务信息进行核实，以确定其真实性[13]；Solikhah，Yulianto 和 Suryarini（2020）认为环境会计的目标是基于政府管制，对环境保护的成本和影响进行定量评估[14]。

我国环境会计的研究起步较晚，葛家澍和李若山（1992）的代表作《九十年代西方会计理论的一个新思潮——绿色会计理论》，标志着我国环境会计领域研究的开始[15]。面对环境会计这一新生事物，理论界围绕环境会计目标进行了探讨：朱学义（1999）认为环境会计的目标是向管理者、政府部门、债权人和社会公众提供环境保护、公害防治和消除等方面的环境信息[16]；安庆钊（1999）认为环境会计的基本目标是可持续发展，具体目标是为管理者、政府部门、债权人和社会公众提供环境信息[17]；黄慧（2012）提出环境会计的目标应当是向信息使用者及时提供可能影响企业财务状况、经营成果和现金流量等的环境会计信息，以反映企业管理层环境受托责任的履行情况[18]；相福刚（2018）认为环境会计目标包括宏观目标和微观目标，宏观目标是促使企业遵循自然环境规律，进行绿色生产方式改革，提高社会总体效益，微观目标是为企业利益相关者提供决策有用的信息，并反映管理层的受托环境责任[19]。

我国的环境会计发展具有鲜明的管制特色，环境会计的受托责任对象以政府为主，国内学者将环境会计目标在受托责任观的基础上进一步具体为“管制有用观”：张晓蓉（2016）认为，日本等发达国家政府对环境问题的重视，极大地促进了国外环境会计的发展，而我国环境会计的完善，对政府部门环境政策的制定具有重要意义[20]；章茜（2016）认为政府管制对环境会计的实施有重大影响，政府管制实施与环境会计实施是一种相互协调的关系[21]；李静（2017）认为，环境法律法规的规范性和系统性直接影响环境会计信息质量，政府应该对企业环境治理各个环节进行监督[22]；王晨光（2020）从环境规制视角对我国企业环境会计的作用进行了探讨，认为会计准则和法律制度的建设是推进环境信息披露的关键[23]；宋梅和田文利（2020）认为环境会计信息有利于完善政府监管，而高质量的环境会计信息依赖于相关法律制度的完善[24]。由此可见，环境会计信息既受环境管制引导，又反过来对环境管制的完善起促进作用，因此，环境会计信息是一类服务于环境管制的信息。环境会计主要是受政府责任所托，对国家所有的环境资源的利用情况进行记录和反映，环境会计信息需满足“管制有用”。

综上所述，环境会计目标主要围绕向谁提供信息以及提供何种信息两个问题开展。关于向谁提供信息，理论界的主要观点是管理者、政府部门、债权人和社会公众四类信息受众，其中，政府部门是关键信息受众，向政府部门提供环境信息的主要目的是合规证明。关于提供何种信息，理论界的主要观点是提供环境受托责任信息，然而，关于环境受托责任的具体内容，理论界尚未达成一致。

环境会计目标是理论框架的逻辑起点，环境会计信息的关键受众是政府部门，因此，环境会计的基本目标应基于满足政府等环境管制主体的信息需求。此外，由于环境资源为公共资源，企业实质上是受托于社会公众对环境资源进行合理利用，因此社会公众也是环境信息的重要受众。企业的环境行为受政府管制，且接受社会公众监督，因此，环境受托责任应以“管制有用”为目标，探讨面向政府和社会公众的环境受托责任的具体内容，即环境会计的具体目标。

二、环境会计要素计量属性

由于环境会计涉及环境经济学、能量学、会计学等多学科融合，因此，计量属性问题是理论界探讨最多的问题：孟凡利（1997）认为环境会计的计量属性既要有货币计量也要有实物计量，在货币计量中既要使用历史成本又要采纳其他计量属性[25]；吴春雷和张新民（2017）提出环境会计计量假设要克服单一经济价值计量的狭隘性，转而采取多重计量尺度和属性[26]；肖序、曾辉祥和李世辉（2017）从物质流、价值流和组织流三个维度论证并提出了环境会计实物量和价值量双重计量的必要性[27]。

综上所述，针对环境会计的计量属性，双重计量假设是环境会计区别于传统会计的关键，其中，非货币计量属性是理论界研究的重点。传统会计计量属性以价值计量为主，而环境会计则遵循双重计量假设，除了价值量以外还包括实物量，实物量假设是环境会计区别于传统会计假设的关键。在实物量假设的理论基础上，如何分类实物量要素，如何对实物量要素进行计量，是环境会计应用研究的关键。

三、环境会计要素内容

1. 环境资产

关于环境资产的内容，国外学者持如下观点：联合国《综合环境经济核算体 - 2012》（*System of Environmental Economic Accounting - 2012*，简称 SEEA - 2012）提出环境资产不仅包括提供经济服务的自然资源，还包括具有非经济价值但是提供生态服务的自然资源；欧盟统计局《经济范围内的物料流账户和衍生指标方法指南》（*Economy - wide material flow accounts and derived indicators——A methodological guide*）将环境资产划分为来自自然环境的物质投入和社会经济系统向自然环境的物质输出以及社会经济系统内部物质循环；Christ

和 Burritt（2017）认为宏观角度的环境会计要素主要是指自然资源，且特指国民经济中消耗的自然资源，例如水资源[28]；Nikodinoska，Buonocore 和 Paletto A. 等（2017）认为森林资源是宏观环境资产的重要组成部分[29]；Dutta，Jana 和 Das（2020）认为企业的环境资产主要是绿色投资形成的相关资产[30]；Ángel，Pilar 和 Joan（2021）在实证研究中将环境支持和环保投资作为环境资产的代理变量[31]。

关于环境资产的内容，国内学者持如下观点：许家林和王昌锐（2006）提出确认一个项目是否属于环境资产的前提是确认其是否构成企业环境成本[32]；杨世忠和曹梅梅（2010）认为宏观环境资产应包括水资源、土地资源、生物资源和矿产资源[33]；张薇，伍中信和王蜜等（2014）认为碳排放权是一项环境资产[34]；王乐锦、朱炜和王斌（2016）提出环境资产的计量范围正在从自然资源向生态系统过渡[35]。

2. 环境负债

关于环境负债，国外学者持如下观点：Albiero，Santucci 和 Carol（2021）将工业生产造成的土壤污染作为一项环境负债，并研究了硫酸造成的土壤污染对阿根廷地区的环境影响[36]；Edith，Lisard 和 Katarzyna 等（2021）认为采矿活动期间的废物管理不足和缺乏关于关闭矿山的明确规定是形成秘鲁矿区环境负债的主要原因[37]；Lourdes，Gabriela 和 Ruth 等（2021）认为封闭式垃圾堆放中的有害固体废弃物是发展中国家主要的环境负债[38]。

关于环境负债，国内学者持如下观点：杨世忠和曹梅梅（2010）提出环境负债是指为恢复或改善环境而承担的责任[33]；肖序和许松涛（2013）对国际国内资产弃置义务准则进行比较，发现我国环境负债仅限于石油天然气行业，而国际环境负债包括煤炭、金属矿和石油天然气等采掘业企业[39]；王斌、朱炜和王乐锦（2017）认为环境负债包含生物资源负债，生物资源的或有负债是与自然资源相关的未来需要偿付的潜在义务[40]。

3. 环境成本

关于环境成本，国外学者持如下观点：Paoli，Gastaudo，Vassallo（2013）利用能值分析法分析了恢复海滩生态服务的环境成本，认为环境成本是消耗的可更新资源与不可更新资源所蕴含的太阳能值[41]；Nuri，Mustafa，Burak 等

(2020) 认为环境成本是指环境污染造成的成本，并分析了柴油燃烧产生的二氧化碳所造成的环境污染成本的影响[42]；Py，Da，Dmmy 等（2020）分析了用木材生产甲醇全生命周期下的环境污染成本，认为环境成本是污染物排放造成的社会经济福利损失[43]。

关于环境成本，国内学者持如下观点：张冬英（2021）认为环境成本主要是指环保投资，并区分了正制品和负制品的环境成本[44]；孙朝磊（2021）认为环境成本包括选择成本、过渡性成本和惩罚性成本三大类[45]；曹翔和王郁妍（2021）将二氧化硫排污费作为环境成本的代理变量[46]。

4. 其他环境会计要素

环境资产、环境负债和环境成本是国内外学者讨论最多的环境会计要素，此外，我国学者还基于传统会计的要素理论对环境会计的要素进行了诸多划分：冯淑萍和沈小南（1995）认为环境会计应包含三点重要内容——企业为减少和防治污染及恢复环境而发生的成本费用，因污染而发生的费用损失，因污染而发生的社会成本[47]；陈毓圭（1998）认为环境成本和环境负债是环境会计要素的重点[48]；蒋尧明（2000）认为环境会计要素可以分为环境资产、环境负债、环境权益、环境费用、环境收入和环境利润[49]；肖序（2002）认为环境会计的基本要素可以分为环境费用、环境资产和环境负债[50]；周丽娟（2005）将环境会计要素分为环境资产、环境负债、环境成本、环境收益和环境权益[51]；张劲松（2007）认为环境会计要素有环境资产、环境负债、环境权益、环境收益、环境费用、环境利润[52]；杨世忠和曹梅梅（2010）认为环境会计要素由环境资产、环境负债、环境资本、环境收入、环境成本和环境效益构成[33]。

综上所述，关于环境资产，有宏观环境资产和微观环境资产之分；关于环境负债，主要体现为污染排放弃置义务；关于环境成本，国外学者认为环境成本是消耗环境资源的价值或污染物的环境损害成本，国内学者认为环境成本是企业为环境保护所付出的环境支出。针对环境会计要素的其他分类，目前国际、国内尚未形成统一的环境会计要素分类口径。我国的环境信息目前以嵌入资产负债表、现金流量表和利润表和附注的形式进行披露，因此关于环境会计要素的探讨仍基于传统会计要素的角度分类，但是在要素数量上观点不一致，目前的主流观点是包含环境资产、环境负债、环境收入和环境权益的“四要素”论。要素如何分类，关键取决于环境信息需求的内容。我国环境信息的主要需求部门是环境管制主体及社会公众，目前的要素分类既无法满足信息受众对企业的污染排放行为评价的信息需求，也无法满足信息受众对企业环境行为进行横向对比的综合评价需求。因此，基于环境管制信息需求的环境会计要素分类成为环境会计理论体系中亟待解决的问题。

四、环境会计要素计量方法

关于环境会计的计量方法，国际国内社会讨论最多的是环境成本的计量方法。国际社会用于衡量内部环境成本的方法有作业成本法和物质流成本法，用于衡量外部环境成本的环境会计方法主要有能量分析法、能值分析法、环境投入产出分析法、生态足迹法、碳足迹法、生态定价法、生命周期评估法。

1. 内部环境成本计量方法

联合国可持续发展司发布的《环境管理会计程序和原则》（*Environmental Management Accounting Procedures and Principles*，EMAPP）主张用作业成本法（Activity - Based Costing，ABC）和流动成本法（Flow Cost Accounting，FCA）对企业的环境成本进行核算。ABC 是一种管理成本会计方法，它根据产生成本的活动，将所有内部成本分配给成本中心和成本动因，目的是识别间接费用中隐藏的环境成本，并将其正确分配给产品。FCA 将企业看作一个物质流系统，该系统的实物流包含以下三类：传统材料沿着价值链的流动；物质流各个阶段所产生的物质损失；由这些物质损失形成的在环境和经济上没有价值的残余物。相应地，物质流的价值被分为以下三类：物料价值、系统价值以及交付和处置价值。物质流分析在企业的物质流管理中起着重要作用，它既可以量化系统中的物质元素，也可以改善内部信息流。物质流分析的重点不是确定环境成本的总额，而是集中于物质流本身以评估生产总成本的改进。

EMAPP 指出了物质流平衡思想对企业环境会计实物量计量的重要性，认为环境会计实物量计量的重点在于对企业的物质流动进行跟踪。然而，EMAPP 并未提出具体的实物量计量模型用以指导企业环境会计实物要素的计量实践。

关于内部环境成本，国外学者还开展了如下研究：Jasch（2003）认为内部环境成本是企业核算的重点，环境会计是为企业内部决策而制定的，重点是服务于内部管理，因而不必核算外部环境成本[53]；Beer 和 Friend（2006）认为内部环境成本应该使用作业成本法将其从制造费用中分离出来[54]；Jasch（2010）提出使用物质流成本会计核算企业内部环境成本[55]；Tsai，Shen 和 Lee 等（2012）认为对部分被纳入到监管体系中从而得以内部化的成本（如碳排放成本），可以采用成本追踪法和作业成本法[56]；Papaspyropoulos，Blioumis 和 Christodoulou 等（2012）提出使用物质流成本法将非产品产出的价值按照传播媒介（空气、水、土壤等）进行分配[57]；Ismail，Ramli 和 Darus（2014）认为内部环境成本的识别以及内部环境成本在产品中的分配是企业内最重要的环境管理活动[58]；Cakir，Alp 和 Yetis（2016）提出可以用物质流分析法对企业的内部环境成本进行识别[59]。

国内学者对内部环境成本的计量方法持有如下观点：肖序（2010）阐明了物质流平衡是物质流成本会计实施的前提[60]；冯江涛（2013）主张用物质流成本法核算负制品的产出价值[61]；王立彦（2014）认为，环境会计的物质流核算是微观层面企业环境成本核算的基础，也是与绿色 GDP 核算衔接的有效方式之一[62]；肖序和熊菲（2015）使用物质流成本会计对某电解铝厂进行了“物质流－价值流”分析；肖序、曾辉祥和李世辉（2017）构建了可以将宏观、次宏观和微观环境会计联系到一起的“物质流－价值论－组织”三维模型[63]；周烨（2020）运用物质流成本法识别了风电企业的污染减排量，并在此基础上计算出了环境间接收入[64]。

2. 外部环境成本计量方法

能量分析法是最早试图了解和量化环境影响的方法，其目的是量化经济生产的直接和间接能源投入。该方法发展于 20 世纪 70 年代初，后来随着“能源危机”年代而终结，该方法的影响力在 20 世纪 80 年代逐渐减退。能量分析法的技术标准由国际高级研究所联合会（International Federation of Institutes for Advanced Studies，IFIAS）于 1974 年发布。能量分析法主要用于计算产品和活动的直接和间接能源需求，例如 Leach（1976）研究了食品加工业[65]、Boustead（1974）研究了包装业[66]和 Chapman（1975）研究了核电站[67]等。

能值分析法试图整合生态和经济系统以及二者之间的相互作用关系，主要目的是评估系统的可持续性。能值分析法由生态学家 Odum 于 20 世纪 80 年代创立，能值是指用一种能量的单位表示产品的所有可用能量，能值指标是实现对生态－经济耦合系统综合理解的核心，能值分析法的优点是通过能值实现了计量单位的统一性和可叠加性。然而，部分学者也对该方法的实用性进行了批判：Cleveland，Stern 和 Kaufmann 认为，能值作为一种公共度量衡，其可操作性有待验证[68]；Hau 和 Bakshi（2004）认为能值分析法的关键在于利用能值转化率对物质进行能值转化，而能值转化率算法的准确性有待商榷[69]。针对上述质疑，Brown 和 Ulgiati（2015）[70]、Campbell 和 Daniel（2016）[71]以及 Vilbiss，Brown，Siegel 等（2016）[72]对能值计算基准以及能值转换率的方法进行了改进，大大提高了能值分析法应用性。蓝盛芳和钦佩（2001）将能值理论引入中国[73]，自此以后，会计界将能值分析法和环境会计做出了有效结合：陈煦江（2004）认为环境会计的非货币计量方法可以有多种，能值分析法既适用于宏观环境核算，也适用于微观企业环境会计核算[74]；雷娜、韩霁昌、王欢元等（2015）提出能值分析法可以用于衡量生态效益的外部性[75]；黄晓荣、秦长海、郭碧莹等（2020）认为货币不能充分衡量自然资源对人类经济社会发展的贡献，于是他们基于能值分析编制了水资源资产负债表[76]。

环境投入产出分析是 20 世纪 70 年代初出现的一种计算经济间接资源投入或污染产出的环境核算方法。该方法基于经济学中的投入产出法，并进行调整和扩展，以应用于各种资源和污染物的耗减和分析。Peters 和 Hertwich（2006）[77]使用环境投入产出分析法进行二氧化碳排放的研究，Patterson 和 Mcdonald（2004）[78]则应用于水资源核算的研究中。

生态足迹法产生于 20 世纪 90 年代，用于测量维持一个社区、企业或个人需求的地域面积。Galli，Wiedmann 和 Ercin 等（2012）指出，生态足迹法能够提供可量化的理性基础，在此基础上可以讨论生产过程的效率、资源消耗的限制、世界自然资源的国际分布，以及如何在全球范围内解决生态资产使用的可持续性问题[79]。

碳足迹法是指用个人或者团体的碳耗用量衡量环境影响的方法，碳指石油、煤炭、木材等由碳元素构成的自然资源。碳耗越多，二氧化碳制造越多，碳足迹就越广。Ohnishi，Dong 和 Geng 等（2017）将碳足迹法与能值分析法、物质流分析法结合，编制了工业和城市共生评估框架[80]。Lu，Matthews 和 Iseley（2020）利用碳足迹法分析了管道施工建设中不同技术对环境的影响[81]。

Patterson，Mcdonald 和 Hardy（2017）认为，生命周期评估法是国际环境标准中使用最普遍的方法[82]。国外学者多将生命周期与其他环境评估框架结合使用：Hermann，Kroeze 和 Jawjit（2007）将生命周期法与环境绩效指标结合使用[83]；Lo－Iacono－Ferreira，Ignacio Torregrosa－Lopez 和 Capuz－Rizo（2016）将生命周期法与生态足迹法结合使用[84]。

此外，国内外学者还使用边际效用分析法结合相关数学模型，对外部环境成本的计量方式进行了探讨。国外学者的研究包括：Howarth 和 Farber（2002）提出对缺乏交换市场的自然资源的价值，可以采用条件估值法、内涵价值法以及交换价值法等[85]；Stoneham，O'Keefe 和 Eigenraam 等（2012）提出用差别拍卖定价法和维克里拍卖定价法计量国民经济账户中环境商品和服务的价值[86]；Daziano 和 Achtnicht（2014）认为可以采用清单法或支付意愿法衡量外部环境价值[87]。国内学者的研究包括：徐泓、包小刚和刘铭（1999）认为利用边际效用价值理论对环境会计进行计量研究主要有费用效益分析法和数学模型法[88]；徐瑜青、王燕祥和李超（2002）认为将环境成本内部化的计量方法分为以污染造成损害的价值作为计量基础、以污染后果的清除与损害赔偿补救的成本作为计量基础和以预防污染发生的成本作为计量基础三类[89]；张劲松（2007）提出环境会计要素的计量方法除了吸收传统会计的方法以外，还可以使用直接市场价值法、替代市场价值法和市场调查分析法[52]。

综上所述，在环境会计计量方法方面，国际、国内最常使用的内部环境成本的计量方法有物质流成本法和作业成本法，外部环境会计的计量方法主要有能量分析法、能值分析法、环境投入产出分析法、生态足迹法、碳足迹法、生态定价法、生命周期评估法和其他边际效用价值评估方法。

国际和国内学者普遍认为物质流分析是内部环境成本计量的前提，保证内部环境成本计量的准确性、可靠性，关键是要创新实物量与价值量二者之间的联动方法。物质不灭原理是实物量计量的根本依据，而投入产出法则是利用物质不灭原理计量环境要素的有效实践。

五、环境会计信息披露

1. 环境会计信息披露动因

环境会计信息披露动因既是环境会计理论依据的来源，又是环境会计信息披露发展的依据，因此国际国内会计学家对环境会计信息披露动因进行了广泛的研究。

国外学者从自愿性动因和强制性动因两个角度展开研究，分别探讨了自愿性动因和强制性动因下环境会计信息披露的产生机理。其中，进行自愿性动因研究的学者有如下观点：Yue，Richardson 和 Thornton（1997）认为向股东等利益相关者传递积极的信息是自愿披露环境信息的主要原因，通过研究企业披露环境负债的自愿性，发现随着企业污染倾向的增加，外部利益相关者对其环境责任的关注度会增加以及产生专有成本的风险会降低，企业更有可能披露环境负债信息[90]；Kathryn 和 Yue（2000）认为新闻媒体关注度是环境会计信息披露的自愿性动因之一，通过对加拿大制造业的实证研究，发现新闻媒体对企业环境暴露程度的报道越多，企业污染倾向越高，政治暴露程度越高，企业披露环境信息的可能性就越大[91]；Cormier 和 Magnan（2000）认为企业的盈利能力和规模会影响企业环境会计信息披露的自愿意向，盈利能力与规模和环境信息水平呈正相关关系[92]；Ibrahim 和 Hassan（2012）认为环境管理制度的存在、利益相关者的参与、特定的环境活动的存在是企业自愿披露环境会计信息的原因[93]；Husted 和 De Sousa - Filho（2018）的研究发现董事会规模和独立董事促进了企业自愿披露环境信息，而董事会女性和 CEO 二元性对环境信息披露的意愿有负向影响[94]；Ismail，Alcouffe 和 Galy 等（2021）研究了自愿性环境信息披露框架对环境信息披露的影响，发现全球报告倡议、可持续发展指南、联合国全球契约原则的采纳程度与环境信息披露的意愿呈正相关[95]。

进行强制性动因研究的学者持如下观点：Guthrie 和 Parker（1989）通过对比研究澳大利亚和美国的制造业企业的年报，认为企业披露环境信息是为了使企业行为合法化，合法性理论解释了环境信息披露的行为[96]；Gray，Rob 和 Kouhy 等（1995）的研究发现，法律因素迫使企业进行环境信息披露[97]；

Freedman 和 Patten（2004）研究环境政策、环境信息披露与企业价值的关系，发现环境政策出台后，企业会披露更多的环境信息[98]；Frost（2007）分析了强制报告准则的引入对澳大利亚公司环境信息披露的影响，发现强制性环境信息披露制度会提高年报中环境信息的披露水平[99]；Freedman 和 Jaggi（2011）对签署京都协议书的国家的公司进行了研究，发现设置温室气体排放标准的国家的企业环境信息披露水平更高，由此提出环境标准对环境信息披露有促进作用[100]；Chen，An 和 Wang 等（2021）提出，高管的军事背景在企业形成一种内部强制力，而这种内部强制力对环境会计信息披露有抑制作用[101]；Wang，Wang 和 Sun 等（2021）发现，强制性环境信息披露诸如大气污染物信息披露可以显著提高公民的幸福感，因此他们认为在发展中国家，强制性环境信息披露值得提倡[102]。

由于环境会计引入我国后，出现了理论和实践多方面的问题，故而国内学者也开始重视环境会计信息披露影响因素的研究，以期从根源上解决环境会计信息披露的问题。国内学者将环境会计信息披露的影响因素分为内部因素和外部因素两类。

国内学者对企业环境信息披露的内部影响因素有如下研究：汤亚莉、陈自力和刘星等（2006）认为上市公司的环境信息披露水平与公司规模和公司绩效呈正相关[103]；张俊瑞、郭慧婷和贾宗武等（2008）的研究表明规模较大、盈利能力较好的公司更倾向于披露环境会计信息，但总体自愿性不高[104]；李晚金、匡小兰和龚光明（2008）的研究发现，企业环境信息披露的影响因素除了公司规模和公司绩效以外，还有法人持股比例[105]；黄珺和周春娜（2012）认为，股权结构会显著影响环境信息披露水平[106]；李志斌（2014）以制造业企业为研究样本，提出内部治理对环境信息披露有显著的促进作用[107]。

国内学者对企业环境信息披露的外部影响因素有如下研究：王建明（2008）认为环境信息披露状况受到行业差异和外部环境监管制度压力的显著影响[108]；毕茜、顾立盟和张济建（2015）认为环境信息披露水平与正式制度（环境法规）和非正式制度（传统文化）相关[109]；宋晓华、魏烁和蒋雨晗等（2016）认为严格的监管和政策环境会迫使企业提升可持续发展信息披露的数量和质量[110]；马文超（2016）认为提升经济业绩不能完全解释企业进行环境信息披露活动行为，企业披露环境信息的主要动因在于其意向合法性[111]；吕明晗、徐光华和沈弋等（2018）发现金融性债务契约对企业环境信息披露有促进作用，其中中长期金融性债务契约的治理效应更为显著，经营性债务企业则具有消极影响[112]；杨广青、杜亚飞和刘韵哲（2020）认为媒体关注会使企业更倾向于披露环境财务信息，而国有企业比非国有企业更倾向于披露环境非财务信息[113]。

综上所述，企业环境信息披露的影响因素一方面有盈利能力、公司规模、股权结构、内部治理等内部因素，这些内部因素往往可以解释企业为什么出于自愿动机进行环境信息披露；另一方面还包含政府监管、媒体关注、外部契约、社会文化、信用评级等外部因素，在所有外部因素中，政府监管是学者探讨最多的一个影响因素，一般认为，政府监管对企业环境信息披露的影响最具震慑力、强制力。

2. 环境信息披露内容

政府监管主要是指政府对企业环境的监管，即环境管制，又称环境规制或环境监管。根据信号理论，企业有动机对外披露环境信息以向利益相关者传达一种良好的环境形象，而根据环境信息披露与环境管制的诸多实证研究，环境管制主体是企业最主要的利益相关者。因此，如何提供符合环境管制要求的环境信息也成为学者研究的重要内容之一。

国外学者首先围绕环境管制与环境信息披露内容的关系进行了如下研究：Jessee（1998）认为企业应在环境管制政策的要求下编制环境报告[114]；Abkowitz，Cohen 和 Buck 等（1999）提出了环境信息披露内容应满足政府环境监管机构和环保人士等主要利益相关者的需求[115]；Li（2001）认为政府的参与是企业环境责任的关键因素[116]；Patten 和 Trompeter（2003）提出，环境信息披露是降低监管成本的有效工具[117]；Liu 和 Anbumozhi（2009）提出虽然上市公司的环境信息披露是以政府需求为导向的，但是大部分环境信息存在选择性披露的问题[118]；Zhu 和 Zhang（2012）提出，美国电力企业自愿披露排放信息的基础是强制性科学监测与市场监管相结合的结果，而发展中国家对污染物排放信息披露的规制还有待完善[119]；Rosa，Guesser 和 Hein 等（2015）将环境信息披露的合规性动机和环境信息披露的内容做了关联分析，发现环境信息披露的内容主要是大气排放和固体废物有关的信息，有关环境影响的数量和财务数据的信息不充分且环境信息缺乏比较标准[120]；Bowen，Tang 和 Panagiotopoulos（2020）基于环境监管的内容从自愿性、合规性和超越合规性三个维度界定了环境信息披露的内容[121]；He，Wang 和 Wang 等（2020）的研究结果表明，“失信名单披露”和“统一绿色认证”是防止环境污染的有效策略，且只有在政府环境管制约束下才有效[122]；Abdullah，Hamzah 和 Ali 等（2020）的实证研究表明，企业披露的环境信息主要包括经营位置、环境合规性、环境绩效、环境预算、环境治理理念[123]；Tzouvanas，Kizys 和 Chatziantoniou 等（2020）对欧洲制造业企业的环境信息披露内容进行归纳，得出该类企业主要环境信息披露内容为资源消耗、污染物排放、资源循环利用、环境罚款以及所遵循的环境政策[124]。Balluchi，Lazzini 和 Torelli（2021）认为关于物质流的数量信息是决定环境报告可信度的重要内容[125]。

国内学者针对如何披露面向环境管制的环境会计信息发表了如下见解：金迪（2011）认为环境管制主体制订统一的环境信息披露标准是降低信息冗余的前提[126]；姚晖、田甜和周旬月等（2014）认为环境信息披露标准的缺乏是导致资源消耗和污染物排放等定量信息披露不足的原因[127]；朱炜、孙雨兴和汤倩（2019）提出，外部环境管制可以提高环境信息披露质量，高质量的环境信息披露是可观测、可验证的定量信息[128]。

综上所述，环境会计信息披露的内容应具有鲜明的“管制针对性”，环境信息应能为环境管制主体的政策制订和企业环境绩效评价提供依据。然而，由于国际国内尚且缺乏基于环境管制的环境会计信息披露标准，故而面向环境管制的环境会计信息披露模式有待构建，面向环境管制的环境会计信息质量也有待提高。目前的环境信息披露模式与内容主要面向外部投资者，然而环境会计理论的相关研究表明，环境会计的重点信息受众为政府相关环境管制部门。环境会计信息披露模式、内容无法满足环境会计关键信息受众的需求，导致信息的有用性严重不足。

3. 环境会计信息披露模式

目前，国际环境会计信息披露有三种模式：第一种是将环境会计信息嵌入到财务会计报告中进行零散披露，第二种是编制独立的环境会计报告，第三种是联合国环境规划署（United Nations Environment Programme，UNEP）提出的独立的环境报告书。联合国环境保护公约国家的上市公司大都以独立的环境报告书的形式进行环境会计信息披露，环境报告书中所披露的环境会计信息内容主要包含环境管理系统、投入资源、环境财务信息、环境利益相关以及可持续发展五项内容。

国内学者对环境会计信息披露模式做了如下探讨：孟凡利（1999）认为环境信息的披露模式既可以是在已有的披露工具中增加环境内容，也可以编制单独的环境报告，披露内容既包含环境问题的财务影响，又包含环境绩效的相关内容[129]；李建发和肖华（2002）认为有补充报告模式和独立报告模式两种，在我国当前缺乏环境会计准则的背景下，企业应该首先考虑独立报告模式[130]；杨世忠和曹梅梅（2010）认为环境会计报表应该包括环境资产变动表、环境资产负债表和环境损益表[33]；刘金彬（2016）按照环境影响程度、信息提供能力对企业进行了分类，不同企业应结合环境会计信息披露模式和监管模式进行披露[131]；郑飞鸿和郑兰祥（2018）认为我国环境会计信息披露模式应该逐步由非独立报告向独立报告转变，且报告中应披露有利于环境监管的会计科目信息，在不破坏传统会计披露模式的前提下，嵌入环境会计科目进行披露[132]；李哲（2018）认为，“多言寡行”（环境战略内容披露多，环境行为信息披露少）的环境信息披露模式不利于监管方的环境监管，上市公司应在附注中按照门类对环境信息进行单独披露，并且应该引入第三方环境审计[133]。

在环境信息披露影响因素的文献综述中，已经得出环境管制是环境会计信息披露的主要影响因素，因此环境会计信息披露的内容和模式应该具备一定的管制特色。管制会计自我国 2015 年新一轮电力市场改革启动以来开始受到理论界的青睐，国内学者对管制会计下的信息披露模式进行了如下探讨：徐帅、孙媛媛和叶泽等（2017）提出在管制会计体系下，一方面应该按季度、年度向管制方提供管制会计报告，另一方面应该向其他利益相关者提供简单易懂的管制会计信息[134]；王琳璘和王刚（2018）提出管制会计信息披露应主要面对管制主体，除了对外披露财务报告以外，企业还需要向管制部门披露专门报告并附以专业的审计报告[135]；张超、张金若和刘斌（2020）认为管制会计的信息披露应基于“监管有用观”，管制会计的信息兼具财务会计“对外披露”的特征，又具有管理会计“内部信息”的特征，管制信息的主要传递对象是监管方和社会公众[136]。

上述学者主要从公开披露的角度对环境会计信息的披露模式进行了讨论，虽然部分学者提到了披露反映环境监管相关的信息，但是披露模式与传统会计信息披露模式没有本质区别，只是在现有报告中嵌入环境信息或仿照国际经验进行独立环境报告。管制会计与环境会计都是一种基于监管的会计体系，二者的差别在于环境会计的服务对象主要是环境管制主体，但是二者的理论基础都是“受托责任观”，且管制会计基于“受托责任观”进一步发展出了“监管有用观”的新内涵，其对内对外两套信息披露模式值得环境会计借鉴。

六、环境绩效评价

环境绩效包含的内容多种多样，如何界定环境绩效的内容，国际机构和学者给出了如下建议：国际标准化组织于 1996 年颁布了 ISO 14000 系列环境标准，目前上市公司的环境管理绝大多数都依照此标准执行，其中 ISO 14031 从环境状况和环境绩效两方面评价企业的环境责任；Jasch（2000）提出将环境绩效评价的内容分为投入要素、产出要素和设备要素[137]；联合国亚太经济与社会理事会（2009）基于资源消耗强度和环境影响强度，从宏观层面和部门层面为政府机构提供了一套衡量生态效益的绿色效益指标[138]；Xie 和 Hayase（2010）将环境绩效评价的内容分为环境管理绩效（EMP）和环境运营绩效（EOP）两方面，并用组织系统、利益相关者关系、经营对策和环境跟踪作为 EMP 的指标，用组织的投入和产出作为 EOP 的指标[139]；James（2010）提出可以从十个角度度量企业的环境绩效，分别是公司对环境的影响、组织活动对环境的有害影响、产生污染物的体积、环境保护计划、资源消耗水平、投入使用效率、客户的环保需要和关注、环保支出及成本节约、废物或资源消耗的标准化量度、涵盖所有复杂环境表现的综合量度[140]；经济合作与发展组织（2011）提出了绿色增长监测指标，主要涵盖环境生产率、自然资源资产、环境质量、经济机遇和政策响应四类核心指标，并下设 14 个二级指标和 23 个三级指标[141]；耶鲁大学和哥伦比亚大学（2012）联合提出了环境绩效指数（Environmental Performance Indicators，EPI），围绕环境健康和生态系统活力两大主题，分政策类别构建了具体的指标，并使用主成分分析法、等权法和专家法等多种方式对指标进行赋权，以得到一个综合指标[142]。

我国的学者对环境绩效指标给出了如下建议：贾妍妍（2004）认为环境绩效指标应体现环境执法、环境质量、环境治理等内容，但是赋权时应该分行业进行[143]；中国科学院可持续发展战略研究组（2006）从资源消耗和污染排放出发构建了资源环境综合绩效指数（Resource Environmental Performance Indicators，REPI），并使用等权法对各指标进行赋值[144]；甄国红和张天蔚（2010）认为环境绩效指标应包括环境信息公开程度、环境经营绩效、环境管理绩效和环境财务信息四个方面[145]；李冬伟和黄波（2018）基于“PDCA循环”从环境计划、降负措施、环保反馈和环保改进四个方面构建了环境绩效评价指标[146]；任书娟（2019）基于“三重底线”理论，提出企业环境绩效综合评价体系应包含经济绩效、社会绩效和环境绩效三方面内容，并从财务指标和非财务指标的角度进行了指标设计[147]。

综上所述，学者对环境绩效评价内容所持观点的共性体现在两方面：一方面为环境绩效，即环境质量的直接提高；另一方面为环境绩效带来的经济绩效。前者多为实物维度的指标，如污染物排放率等度量某种污染物排放量的指标；后者多为价值维度的指标，如污染物单位治理支出。

在环境绩效评价方面，目前的环境绩效评价体系评价的重点在于企业环境行为的合规性。然而，新形势对生态文明建设提出了更高的要求，环境绩效评价体系需要向着可持续性发展评价这一更高的目标迈进。

第三节 小　结

本章是对环境会计相关理论和文献的总结概述，主要包括以下研究内容。

在理论方面：首先，通过分析管制经济学理论，发现环境问题的实质是经济问题，而经济问题需要借助会计手段来解决；其次，对环境会计目标相关的代理理论、合法性理论、利益相关者理论和政治经济理论进行剖析，得出环境会计的目标已经从“决策有用观”转变到“受托责任观”，并在“受托责任观”的基础上进一步细化，在我国更多地倾向于服务政府环境管制的需求；

最后，对环境会计计量相关的理论进行概述，物质不灭理论是支撑本书实物计量方法设计的基础，劳动价值理论和效用价值理论是本书价值维度环境会计要素计量的理论依据，而能值理论则为可持续发展评价提供了依据。

在文献方面：第一，通过对环境会计目标相关的文献进行综述，发现我国环境会计的目标在“受托责任观”的基础上进一步细化，逐步发展为一种服务于环境管制的环境会计目标；第二，通过对环境会计的要素内容和要素计量方法进行综述，发现环境会计要素内容不统一，要素计量方法不完善，为环境会计目标的达成制造了障碍；第三，由于环境会计要素计量的问题难以突破，环境会计信息披露内容也难以统一，独立的环境会计报告模式有待完善；第四，环境会计信息服务于企业环境行为合规性评价的同时，亟须从可持续发展评价的视角进一步完善相关信息的供给。

第三章　环境管制与环境会计制度背景

我国的环境会计本质上是以环境管制为导向的，伴随着环境管制的发展而发展。首先，本章根据环境管制准入环节、运行管控环节、管制退出环节全生命周期管控要求，以及可持续发展评价要求，提炼出实物维度、价值维度和综合维度三类环境信息需求。其次，本章总结了当前环境会计信息供给现状，对针对环境管制与环境会计的不适应性展开分析。最后，本章对比了环境管制与环境会计二者投入产出应用逻辑的异同，从而为环境会计信息计量及应用体系的构建提供思路。

第一节　环境管制制度背景与环境管制信息需求现状

一、环境管制制度背景

环境管制是社会性管制的一种，指政府和社会公众通过强制性约束手段、激励性约束手段或自发监管的形式，对企业污染行为进行约束。我国环境管制主体分为政府环境管制部门和社会公众。

我国政府环境管制部门按照级别的高低包括：全国人民代表大会及其常务委员会、国务院、财政部、生态环境部、中国证券监督管理委员会、地方各级人民政府以及证券交易所。全国人民代表大会及其常务委员会和国务院对企业的环境行为有直接管制权，可以规定环境行为的合法性基准。其他部门则通过环境执法或环境处罚的方式间接约束企业环境行为，我国主要环境管制法律及相关规定如图 3 - 1 所示。

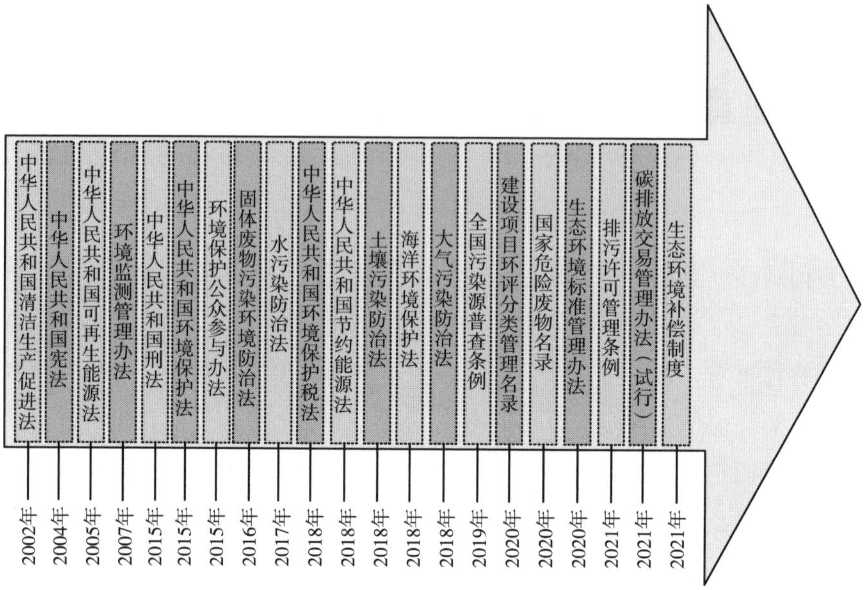

图 3－1　我国主要环境法律及相关规定

我国政府环境管制部门对企业的全生命周期环境管控体系已初步形成，即环境准入环节源头把关、运行周期排污情况实时监测、环境退出环节鼓励修复。同时，针对日益严峻的环境形势，环境管制还对企业可持续发展水平提出了更高的要求。本书针对环境准入、运行周期和环境退出三个管控环节，以及可持续发展评价相关要求，对环境管制信息需求现状进行分析。

二、环境管制信息需求分析

1. 准入环节环境管制信息需求

我国环境管制对企业环境准入环节的约束手段主要体现为要求企业在拟建设项目可行性分析阶段提交《环境影响评价报告》。

为了落实“放管服”要求，深化建设项目环评改革，优化营商环境，生态环境部对《项目环境影响报告表》进行调整，以解决报告表与管理要求不适应性的问题，提高与规划环评、排污许可等制度的联动衔接。企业项目拟建设前，需要根据污染影响提交环境污染类环境影响报告表或生态影响类环境影响报告表。

环境污染类环境影响报告表包括项目建设基本情况、建设项目工程分析、区域环境质量现状、环境保护目标及评价标准、主要环境影响和保护措施、环境保护措施监督检查清单等内容。为了加强对污染物排放总量的控制，环境污染类报表要求提供与项目相关的“建设项目污染物排放量汇总表”，主要统计现有工程排放量、现有工程许可排放量、在建工程排放量、本项目排放量、以新带老削减量、本项目建成后全场排放量以及污染物变化量等信息。

生态影响类环境影响报告表包括项目建设基本情况、项目内容、生态环境现状、保护目标及评价标准、生态环境影响分析、主要生态环境保护措施和生态环境保护措施监督检查清单等内容。

可以看出，我国环境管制主体要求企业在新项目开始前提供对环境负面影响预期相关的信息，一方面包括项目基本情况、相关工艺环节相关的定性信息，另一方面包括污染物排放相关的定量信息。

2. 运行期内环境管制信息需求

运行管控环境管制信息需求，是指企业环境管制对企业运行期内环境行为进行监管所需的环境信息。

我国环境管制对企业运行期内的管控措施主要体现为污染物总量控制和浓度监测。针对污染物总量，环境部门制订排放额度，企业在运行期内污染物排放总量不可超过相关额度。针对污染物浓度，环境部门针对不同污染物种类，制订了相关浓度标准，企业在环境部门要求下安装浓度监测设备，与环境部门实现污染物浓度数据共享。

此外，2021 年全国两会期间，“碳达峰、碳中和”被写入政府工作报告。碳达峰是指二氧化碳排放总量在某一时期达到峰值，碳中和是指企业、团体或个人在一定时期内产生的二氧化碳排放总量通过产业调整、植树造林等手段抵消，从而达到“净零排放”的目的。“碳达峰、碳中和”中的碳，皆指二氧化碳，为了达到“控碳”的目标，环境管制还对化石能源用量、清洁能源对化石能源的替用量（碳来源）、植树造林数量（碳中和措施）以及碳排放量、碳减排量（碳排放）相关信息提出了需求。

进一步地，为了内化企业污染治理的动力，我国于2018年正式出台了《环境损害赔偿制度改革方案》，生态环境部紧接着发布了《生态环境损害鉴定评估技术指南》，并规定了大气污染物和水污染物的虚拟成本制订依据，即用实际调查法和成本函数法确定单位虚拟治理支出成本，用实测浓度法、物料衡算法、排污系数及算法和里程能耗法计算相关污染物的排放数量。同年，我国政府出台了《中华人民共和国环境保护税法》，要求企业定期提交大气污染物、水污染物、固体废物、噪声等污染物的排放信息，以进一步降低企业环境污染的外部性。

由此可见，环境管制运行管控所需相关信息以污染排放为核心，目的是对终端排放进行总量控制评价和浓度控制评价，需要企业提供以实物信息为主、价值信息为辅的定量信息。

3. 退出环节环境管制信息需求

《中华人民共和国环境保护法》规定，企业为改善环境而退出当地经营的，各地人民政府应予以支持，从而鼓励重污染企业有序逐步退出。国家发展和改革委员会于2019年修订发布《产业结构调整指导目录》规定了浪费资源、污染环境而需要淘汰的落后工艺、技术、装备及产品的淘汰目录，从而强制不满足环保要求的企业进行环境退出。此后，北京、上海等城市纷纷出台各地的淘汰目录，进一步落实污染企业的有序淘汰退出。

环境管制部门判断企业是否需要退出的依据主要体现在两方面：一方面是资源消耗是否过度，另一方面是污染物排放是否合理。因此，在环境退出环节，环境管制所需环境信息主要包括资源消耗和污染物排放相关的定量信息，以判断其是否符合退出标准。

4. 环境管制可持续发展评价信息需求

环境准入管控、运行期管控和环境退出管控体现为一种刚性约束。刚性约束的手段是设定标准，通过比较企业实际与标准的差距，对企业环境行为进行评判。随着我国政府对可持续发展战略的越发重视，环境管制除了刚性约束外，还辅之以柔性约束，以鼓励企业绿色转型。目前，柔性约束的主要手段为，通过对一系列环境绩效指标进行综合计算，从而对企业环境行为结果进行综合评价，并对评价结果进行优劣排名，从而达到激励性约束的效果。目前，我国主要的环境绩效评价体系如下。

（1）“国家环境友好企业”环境绩效指标。国家环境友好企业是指在清洁生产、污染治理、节能降耗、资源综合利用等方面都处于国内领先水平的企业。2003 年原环保总局提出在全国开展创建国家环境友好企业的活动，从企业污染防治、环境管理、产品对环境的影响等三个方面设置了 22 项考核指标：污染物排放水平浓度、总量指标，单位产品综合能耗水平，单位产品水耗水平，是否具有完善的环境管理体系，单位工业产值主要污染物排放量，废物综合利用率。

（2）清洁生产评价指标体系。自 2005 年开始，国家发展改革委相继出台了 30 个行业的清洁生产评价指标体系，以评价企业清洁生产水平，并以清洁度高低作为柔性评价依据。清洁生产评价指标体系包括生产工艺装备及技术、节能减排装备及技术、资源与能源消耗、清洁生产管理、产品特征、污染物排放控制和资源综合利用等方面指标。

（3）《企业环境信用评价办法》环境绩效指标。2014 年，原环保部、国家发展改革委出台了《企业环境信用评价办法》以约束企业环境失信行为，包括污染防治、生态保护、环境监理、社会监督四个方面的环境指标。通过指标计算结果，将企业划分为环保诚信企业、环保良好企业、环保警示企业、环保不良企业 4 个等级。

（4）《循环经济发展评价指标体系》。2016 年 12 月国家发展改革委联合原环保部、财政部和国家统计局共同发布了《循环经济发展评价指标体系》，以促进循环经济发展和加强生态环境建设。该体系主要包括综合指标、专项指标和参考指标，其中综合指标主要包括资源产出和废物利用两方面，专项指标主要从水资源、土地资源等方面来考核其综合利用情况和处理情况，参考指标主要包括城市垃圾处理率和三废排放。

上述环境绩效评价指标体系中，环境指标既包含定量信息又包含定性信息，且定量信息多为实物量信息。就指标内容来看，多以反映合规程度的污染物排放信息为主，反映可持续性的指标有待补充完善。

柔性约束环境信息主要用于对企业的整体行为进行综合评价，其最终目的是评价企业生产经营行为的可持续发展程度。随着经济发展水平的提高，社会公众追求物质生活水平提高的同时将越来越注重生态环境质量的提高，环境管制主体对企业环境绩效的综合评价势必会更加关注可持续发展水平相关内容。

5. 环境管制信息需求小结

基于上述分析，环境管制对企业环境信息需求有全生命周期管控评价的刚性信息需求，也有可持续发展水平评价的柔性信息需求。本书在深度剖析相关制度和要求后，认为环境管制信息需求主要包含实物维度信息、价值维度信息和综合维度信息三种。

实物维度环境信息主要用于政府环境管制部门在防止企业资源过度消耗和污染物过度排放等方面环境政策的制订。环境管制刚性约束一方面在投入端对资源消耗总量进行约束，另一方面在产出端对污染物排放浓度与总量进行约束，因此对企业实物维度环境信息产生需求。

污染物的终端排放是环境管制重点管控的内容，对污染物管控的基本思路是总量控制和末端监测，而对污染物消纳路径的关注有待提高。企业可能通过转移污染物存放地点或改变污染物传播媒介的形式来规避环境责任：环境治理可能只是将本属于企业的污染物转嫁至别处，或将本属于大气污染监管的物质转化成其他类别污染物，虽然属于企业的污染物减少了，但是对社会整体而言，污染物总量并没有得到有效控制。日益严峻的环境形势对污染物消纳提出了更高的要求，环境管制亟需在总量控制和末端监测的基础上，加入消纳控制的内容，并对污染物治理路径进行进一步追踪，将污染物消纳与否作为环境管控的标准之一。

价值维度环境信息是对实物维度信息的补充，有助于政府环境管制部门进行环境经济政策的制订。环境管制掌握环境治理耗费和环境外部性损益的信息，在投入端对环境治理付出进行约束，在产出端对污染造成的经济损害进行约束，从而有助于我国生态补偿机制的进一步完善。

综合维度环境信息是指用于评价企业可持续发展水平的信息。目前我国环境管制对企业可持续发展水平的综合评价以实物信息为主、以价值信息为辅，合规性评价指标较多、可持续发展评价指标有待进一步补充和完善。

第二节　环境会计制度背景与环境会计信息供给现状

一、环境会计制度背景

环境会计制度背景是指，目前我国的会计准则中对环境会计要素的相关规定。我国虽然尚未形成独立的环境会计准则，但环境会计要素已经在目前的企业会计准则中予以体现。环境会计要素是环境会计信息的重要表现形式，环境会计要素的明晰性决定了环境会计信息供给的有效性。本节对企业会计准则中有关环境会计要素的内容进行梳理。

1.《企业会计准则第 4 号——固定资产》

《企业会计准则第 4 号——固定资产》（以下简称 4 号准则），在固定资产确认中规定：固定资产成本确认时，应考虑预计弃置费用。弃置费用指企业根据国家法规和国际公约，因承担环境保护和生态恢复义务而确定的支出，如矿坑的填埋义务。企业应当估计弃置费用的现值并计入预计负债。

固定资产的弃置费用是一种环境负债，但是并没有被作为一项单独的准则，而是隐含在固定资产准则中。

2.《企业会计准则第 5 号——生物资产》

《企业会计准则第 5 号——生物资产》（以下简称 5 号准则），将生物资产划分为消耗性资产、生产性资产和公益性资产。前两类资产本质上仍属于经济资产，目的是经济性增值；而公益性资产的目的则是环境保护、生态涵养，例如防风固沙林。尽管公益性生物资产不能直接产生经济利益，但是其生态服务潜能有助于企业间接获得经济利益，因此应当单独核算。

公益性生物资产在确认时，按其来源是外购、自行营造还是其他，分别以采购成本、郁闭前合理必要支出或其他金额计入成本，后续支出或资本化计入成本或费用化。

公益性生物资产实质上是一种环境资产，5 号准则中对与环境资产有关的后续环境支出的资本化或费用化问题也有所提及。然而，与弃置费用类似，环境资产也没有作为一项单独准则，而是隐含于5号准则中。

3. 《企业会计准则第27号——石油天然气开采》

《企业会计准则第27号——石油天然气开采》（以下简称27号准则），主要针对石油和天然气开采，是对自然资源进行的会计记录和信息披露，以规范不可再生资源的使用。27号准则对矿区权益取得、油气勘探、开发和生产四种活动进行了规定。矿区权益取得按取得成本进行初始计量，后续变动计入损益。油气勘探支出、油气开发支出和油气生产支出，符合条件的资本化，不符合条件的费用化。此外，27号准则还规定了油气资源开采时应考虑弃置费用。

石油和天然气也是一项环境资产，且已具备单独的准则。然而，诸如煤炭资源、水资源等环境资产也具备开采周期长、形成时间长等特色，但是却没有单独的会计准则。

二、环境会计信息供给现状——实例分析

环境会计信息供给的主要载体是年报、社会责任报告和可持续发展报告等会计报告。由于我国尚未形成统一规范的环境信息披露准则，企业的环境信息披露存在纵向的不一致性和横向的不可比性的问题。

通过对我国上市公司年报、社会责任报告、环境报告和可持续发展报告中披露的环境会计信息进行研究，本书将环境信息分为对企业内部管理有用的环境信息、对外部信息使用者有用的环境信息（包括环境财务信息和环境管理信息）、公司对环境事项作出的解释与说明、为信息使用者提供验证环境信息真实性的依据，以及向信息使用者证明所提供的环境信息真实性的依据。

为了直观描述环境会计信息披露现状，本书选取重污染行业名录中的国电电力公司，对其环境信息披露内容进行分类并实例展示。表3-1展示了国电电力环境信息披露内容现状，相关实例来自国电电力2020年年度报告与社会责任报告。

表 3－1　　国电电力环境信息披露内容

环境信息披露大类	环境信息披露小类描述	企业环境信息披露实例
对企业内部管理有用的环境信息	1. 诉讼、行政处罚	国电寿县风电有限公司：寿县风电公司预提期间功能损失费用 200 万元
	2. 环保处罚、重污染名单	属于环境保护部门公布的重点排污单位的公司及其重要子公司的环保情况说明
	3. 环保补助	（1）机组脱硫脱硝专项资金 133 241 964.7 元 （2）节能减排专项资金 118 764 933.47 元 （3）污染治理专项资金 90 407 547.17 元
	4. 环境保护税	环境保护税 53 342 961.64 元
	5. 环保人工支出	公司建立了完善的环境保护管理体系，设有专职的环境保护管理人员和专业的环保设施运行维护人员
	6. 环保设施运行情况	（1）防治污染设施的建设和运行情况 （2）公司积极打造绿色电站，常规煤电机组 100% 实现超低排放……做好固体废物等全过程管控，生态环境保护工作向更深层次迈进
	7. 消耗资源、节约资源数量	入炉综合标煤单价累计完成 541.19 元/吨，同比减少 35.49 元/吨；公司燃煤发电机组平均供电煤耗为 297.23 克/千瓦时，较去年同期下降 0.89 克/千瓦时
	8. 污染排放种类、数量	报告期内，公司二氧化硫排放量 0.818 万吨、氮氧化物排放量 1.723 万吨、烟尘排放量 0.121 万吨
公司对环境事项作出的解释与说明	1. 环境制度、政策、目标	坚持创新、协调、绿色、开放、共享的新发展理念，坚持保护优先、节约优先、生态优先的方针
	2. 环境风险防控情况、应急制度情况	（1）突发环境事件应急预案 （2）公司所属单位按照地方主管部门要求进行环境风险评估，完成《突发环境事件应急预案》《重污染天气应急预案》编、评、备工作，定期开展演练，提高应急响应能力
	3. 污染排放达标情况	公司所有火电机组均已完成达标排放改造，烟气二氧化硫、烟尘、氮氧化物排放浓度符合 GB 13223—2011 标准
	4. 环境管理活动所依据的原则	环境管理体系： ISO 14001：2015 环境管理体系 GB/T 23331 能源管理体系
	5. 信息审计情况	审计报告

基于上述研究，我国企业在环境会计信息披露中存在定量披露与定性披露不均衡的问题，表现在定性披露多于定量披露、主观披露多于客观披露。

虽然环境会计信息披露同时披露了面向环境管制的合规性内容与面向社会公众的环境管理和环境绩效内容，但是环境会计信息的传导路径不清晰，信息披露不集中，决策者需要花费较多精力甄别相关信息。因此，环境会计信息的针对性有待进一步提高。

目前，虽然环境会计信息依托年报审计，获取了会计师事务所的第三方审计，但是单独的环境审计仍不多见。除此以外，向信息使用者公开的可用于核验的信息也有待丰富。

此外，环境会计信息披露的位置零散镶嵌于年报、社会责任报告和可持续发展报告中，虽然社会责任报告或可持续发展报告中存在单独的环境责任模块，但是距离独立环境报告模式标准仍存在一定差距。

第三节　环境管制目标下环境信息供需不适应性分析

环境会计要素的合理分类是环境会计信息得以供给的前提，环境会计信息披露是环境信息供给的重要保障，环境绩效评价是环境信息供给的最终目标。因此，本节从环境会计要素与环境管制信息需求、环境会计信息披露与环境管制信息需求，以及环境绩效评价与环境管制信息需求三个方面进行不适应性原因分析。

一、环境会计要素与环境管制信息需求不适应

我国的环境会计发展思路是“理论—实践—理论”。20 世纪 90 年代，在环境会计发展初期，学术界主要围绕环境会计的理论框架展开探讨。进入 21 世纪，随着我国环境管制的日益严苛，环境会计以环境管制为目标、以环境信息披露和环境绩效评价为重点在行业间开展了广泛实践。近年来，以环境管制为目标的环境会计理论框架已初步形成，然而，环境会计要素与环境管制之间仍存在较大的不适应性，环境会计要素的计量方法也亟待完善。

环境会计要素是环境会计计量的基石，也是后续披露和评价的基础。环境会计要素及其计量方法与环境管制之间的不适应性，给环境会计应用体系的发展造成了巨大障碍。环境会计计量与环境管制的不适应性主要体现在以下三个方面。

1. 环境会计实物维度要素有待补充

在实物维度信息需求方面，为了防止企业转嫁污染物或规避环境责任，环境管制部门的管控方向需要由总量控制、末端监测向总量控制、末端监测和消纳追踪协同管控转变。环境管制部门亟须对污染物治理路径进行进一步追踪，将污染物消纳与否作为环境管控的标准之一。为此，环境管制需要对企业当期消耗和当期消纳进行权衡，通过投入总量计算消纳总量，以防止企业转嫁环境责任的行为的发生。为了满足上述需求，环境会计需要建立相应的具备投入产出制约关系的实物维度会计要素。虽然学术界对环境会计的非货币计量属性进行了广泛的探讨，然而在实物要素界定和计量方法上还存在诸多尚未厘清的问题。因此，环境会计无法满足环境管制部门“消纳追踪”的需求，无法为污染物消纳情况提供有效的证明。

2. 环境会计价值维度要素有待明确

在价值维度，环境管制主体需要对企业环境治理耗费和环境治理效果的外部性损益进行评价。虽然我国企业会计准则第 4 号、第 5 号和第 27 号体现了环境负债、环境资产的核算思想，但是对环境收益、环境成本等其他理论界讨论的要素没有正式体现。在计量方法上，虽然理论界针对环境成本，提出了作业成本法、物质流成本法等有助于识别环境支出的方法，然而其主要目标是服务于企业内部成本的改进，而无法用于环境管制主体对企业环境治理成效的评估。

3. 环境会计要素需进一步揭示企业可持续发展水平

在综合评价维度，环境管制主体“柔性约束”的目标是对企业环境治理成效以客观方式进行顺序排名，以激励企业提高环境可持续发展水平。目前，企业环境会计所计量的要素多是将财务会计要素冠之以环境特征，要素的最终目标是服务于投资者，目的是展示环境治理的经济绩效，无法反映企业的环境可持续发展水平。

环境管制主体可持续发展水平综合评价所需信息以实物维度信息为主，辅之以价值维度信息。然而，无论是实物维度的污染物排放信息，还是价值维度的治理耗费信息，多体现为一种合规性证明，在环境可持续发展水平的评价方面仍有待完善。

二、环境信息披露与环境管制信息需求不适应

结合环境管制主体的信息需求现状，可以发现企业环境信息披露与环境管制主体的信息需求存在不适应性，具体表现在以下两点。

1. 环境会计信息披露模式与环境管制不适应

首先，目前企业环境会计信息披露模式主要是以年报、社会责任报告和可持续发展报告为载体对外公开披露，独立环境会计报告体系有待完善。

其次，企业在披露环境会计信息时，或是“非强制不披露”，或是按照企业意愿“选择性”自愿披露对企业有益的环境信息，没有考虑信息受众的需求。政府环境管制部门对企业环境信息存在真实、可核实物维度信息的需求，然而，环境会计在实物信息披露方面有待发展。社会公众对环境治理耗费和企业环境治理效益存在价值维度环境信息的需求，然而，现有环境会计信息在治理效益方面体现较少。

因此，环境会计信息披露模式存在的问题是模式较为单一，而且未考虑政府环境管制部门和普通社会公众的环境信息需求差异。

2. 环境会计信息披露内容与环境管制不适应

目前，物质流信息仅局限于资源消耗和污染物排放两方面信息，信息数量较少，而且污染物排放的真实性缺乏核验依据，无法与环境管制主体“刚性约束”标准进行核验比对。

环境会计信息具有较高的专业性和复杂性，对环境管制主体的作用不尽相同，政府环境管制部门利用环境信息进行政策制订，而其他环境利益相关者主要利用环境信息进行行为决策，二者对环境信息内容的需求存在差异。然而，目前环境会计信息披露内容没有区分二者在信息需求上的差异。

财务会计已经形成了“三表一注”的信息披露标准，而环境会计信息的

披露方式是散乱嵌于财务报告中，缺乏独立的环境报表体系，披露方式不规范，不利于环境管制主体对信息的有效甄别，无法满足环境管制主体“柔性约束”评价需要。

因此，环境会计信息披露内容存在的问题是可核验信息披露不足、信息披露内容针对性不足及披露方式不规范。

三、环境绩效评价与环境管制信息需求不适应

目前，对企业环境绩效评价的普遍做法是，企业依据指标体系的内容，利用现有会计资料和生产资料，对相关指标进行计算，计算方式往往是将不同维度的指标进行赋权，并最终得到一个综合指标，以作为环境等级划分的依据。环境等级同时也是企业对外公开披露的一项重要的环境信息，目的是向投资者提供一种环境合规的证明。然而，现有环境绩效评价体系下，合规度指标多于可持续发展指标，反映可持续发展水平的指标有待补充。环境会计亟需在要素计量的基础上，对当前环境绩效评价指标进行补充，以用于运行管控环节的企业生产经营可持续发展水平评价，进一步鼓励企业清洁生产、绿色转型。

第四节　环境管制与环境会计的投入产出关系

投入产出是一种关系，是环境管制和环境会计在实践中所共同遵循的逻辑。从实物角度而言，投入产出是指物质不灭，凡是物质投入皆以一定形式产出，因此，实物角度的投入产出关系是一种恒等关系。从价值角度而言，投入产出是一种效率，旨在以最小的资源投入获取最大的效益产出，因此，价值维度的投入产出关系是一种非恒等关系。

环境管制的目标是通过综合利用强制性行政命令和激励性经济政策，实现污染物产出的最小化及负外部性经济影响的最小化。为了核验企业污染排放的合规性，政府环境管制部门以物质投入为依据，通过物料衡算等工业分析方法，计算污染物排放总量，这实质上是一种投入产出分析。虽然环境管制的另一种手段是通过末端监测手段，仅对产出端的污染物排放浓度进行监测。但

是，应该对何种污染物监测、污染物种类具体是哪种，是由前端物质投入的构成推测而来的。因此，末端监测的依据实质上依赖于物质投入产出关系，投入产出是环境管制信息核验所遵循的基本逻辑。

我国环境会计是以环境管制为导向的，因此，环境会计的目标应该是用会计手段计量并披露环境管制部门所需要的投入产出信息。目前，环境会计中所使用的物质流分析法实质上是一种物质层面的投入产出平衡分析，实际上已经实现了与环境管制的逻辑统一。然而，在产出目标上，环境会计与环境管制仍存在不适应性。环境会计物质流分析的投入产出目标是，在既定投入的情况下，企业可以获取最大的有效经济产出；而环境管制的投入产出目标是，在既定投入的情况下，争取实现整个社会的环境效益最优。

基于上述分析，可以看出，环境管制与环境会计本质上都是以投入产出关系作为衡量目标是否达成的依据，然而，二者对投入产出关系的侧重点不同。环境管制关注的是物质层面的投入产出平衡，旨在利用投入产出关系约束企业产出端的污染物排放；而环境会计所强调的物质层面的投入产出平衡，旨在减少经济损耗，通过降低投入损失以获得尽可能多的产出回报。

综上所述，投入产出是环境管制实践与环境会计应用所遵循的共同逻辑，投入产出关系是二者进行评价和分析的依据。然而，二者在产出目标上的不同，导致环境会计所提供的信息无法完全满足环境管制的信息需求。因此，本书拟依据投入产出关系，立足环境管制，对环境会计的要素、信息披露内容和环境评价方法展开设计，以提高环境会计与环境管制的适应性。

第五节 小　结

本章的主要内容为通过分析环境管制和环境会计的制度背景，提炼环境管制信息需求，并总结环境会计信息供给现状，从而发现环境管制信息需求与环境会计信息供给产生不适应性的原因，为本书研究的方案设计提供现实思路，具体包括以下内容。

第一，本章基于环境管制全生命周期管控信息需求，概括提取出实物维度、价值维度和综合维度三方面环境信息需求。在实物维度，为了防止企业转嫁污染物或规避环境责任，环境管制部门的管控方向需要由总量控制、末端监测向总量控制、末端监测、消纳追踪、协同管控转变。环境管制部门亟须对污染物治理路径进行进一步追踪，将污染物消纳与否作为环境管控的标准之一。在价值维度，环境管制主体需要掌握环境治理耗费和环境外部性损益相关信息，以用于环境经济政策的制订。在综合维度，环境管制所需环境信息以实物维度信息为主，且对企业环境行为合规度进行评价的基础上衍生出了可持续发展评价需求。

第二，分析环境会计信息供给现状。关于环境会计要素，环境管制目标下，企业实物维度环境会计要素有待补充，价值维度环境会计要素有待明确，反映可持续发展水平的综合维度环境会计要素有待完善。关于环境会计信息披露，环境会计信息披露内容可核验信息披露不足、信息披露内容针对性不足及披露方式不规范，不利于环境管制信息使用者的信息甄别。

第三，本章分析了环境管制目标下环境信息需求与环境信息供给二者之间不适应性的原因。环境会计要素分类与环境管制信息需求的不适应是阻碍环境会计发展的基础性原因；环境信息披露模式单一以及披露内容针对性和规范性不足，给环境管制主体的信息使用制造了障碍；环境绩效评价体系在反映企业合规度的同时，亟须发展出一套适用于可持续发展评价的内容体系。

第四，本章分析了环境管制与环境会计在投入产出关系方面的异同。环境管制的信息核验与环境会计的成本分析都是以投入产出关系为基本逻辑，通过分析投入与产出的关系，判断目标是否达成。然而，二者关于产出目标的不一致，导致了会计与环境管制之间信息供需的不适应性。因此，本书基于投入产出关系，立足环境管制，对环境会计信息计量及应用体系展开设计。

本章内容为后续基于投入产出的环境会计信息计量及应用设计提供了思路。

第四章 基于投入产出的多维环境会计要素分析

通过对环境管制信息需求与我国环境会计发展现状进行研究，发现环境管制主体存在实物、价值和综合评价三方面环境信息需求，而现有环境会计要素分类无法完全满足上述需求。因此，本书基于投入产出关系，试图搭建以实物要素为基础、以价值要素为辅助和以综合要素为协调的环境会计要素体系，以进一步完善我国环境会计的理论框架。

第一节 环境管制与环境会计的投入产出逻辑分析

环境管制、传统会计和环境会计的共同点在于，都是以投入产出为逻辑，对投入产出关系进行评价或计量。环境管制、传统会计和环境会计的投入产出应用逻辑的区别如表 4 – 1 所示。

表 4 – 1 环境管制、传统会计和环境会计的投入产出应用逻辑比较

项目		环境管制	传统会计	环境会计
实物维度	投入产出逻辑	投入 = 产出	投入 = 产出	投入 = 产出
	代表性方法	物料衡算法	实物盘存法	物质流分析
	目标	以投入量作为污染物排量推算依据	计算物料损耗成本	发现物料损耗以进行成本改进
价值维度	投入产出逻辑	投入 > 产出	投入 < 产出	投入 = 产出
	代表性方法	环境经济评估方法	一般会计计量方法	物质流成本会计
	目标	鼓励治理投入以降低污染物负外部性经济影响	利润最大化即可，不考虑环境影响	投入可以规避负产出的违规风险即可，不考虑负外部性

环境管制、传统会计和环境会计各自的投入产出逻辑体现在实物维度和价值维度两方面。

在实物维度，环境管制以投入产出相等为逻辑，以物料衡算法为代表，目的是依据投入产出关系推算污染物排放总量，以实现总量控制目标。传统会计也以投入产出相等为逻辑，但是其主要目标是通过实物盘存法，发现物料损失，以计算产品成本。环境会计与前两者一样，也是以投入产出相等为逻辑，且物质流分析与环境管制的物料衡算法存在相似之处，但目标却与传统会计类似，都是发现物料损耗，只是在传统会计的基础上增加改进成本的动机，而不仅仅是计算成本。

在价值维度，环境管制、传统会计和环境会计的投入产出逻辑存在较大差异。环境管制以投入大于产出为逻辑，在产出端主张使用环境经济评估方法，对污染物的外部性损益进行计量，其目标是鼓励企业加大治理投入，以减少负产出的外部性经济损失。传统会计以投入小于产出为逻辑，对各类会计要素使用一般会计方法进行货币计量，目的是利润最大化，且在没有环境约束的情况下对环境投入产出则不予以考虑。目前环境会计在价值维度的投入产出逻辑是，投入等于产出即可，旨在实现投入的治理成本刚好可以规避环境违规成本。可以看出，环境会计在价值维度所使用的物质流成本会计与价值维度环境目标并不相关，前者是为了改进内部成本，而后者是为了尽可能规避外部成本。

基于上述分析，可以看出环境管制与目前环境会计研究的投入产出逻辑有相似之处，然而二者在目标、方法和应用上仍需进一步协调。我国环境会计是在传统会计的基础上，伴随着环境管制的日益完善而不断发展的一种会计理论与方法。因此，本书基于投入产出，立足环境管制，首先对环境会计要素体系展开设计，以从根本上解决环境会计与环境管制不适应性的问题。

第二节　立足环境管制的环境会计目标构思

一、环境会计总体目标

环境会计包括宏观环境会计和微观环境会计，本书所研究的环境会计是微观企业层面的环境会计。

环境会计的总体目标是服务企业环境会计信息的用户以及满足用户的主要信息需求。我国的环境会计以环境管制为主导，因此，环境会计总体目标应该围绕“管制有用”这一最高目标进行界定。

环境会计信息的用户主要包含两大主体：第一，主要用户，指政府为首的环境管制部门；第二，次要用户，指除政府环境管制部门以外的其他所有环境利益相关者。

政府掌握制订环境规则、进行环境监督的权力，既是环境管制的主体，也是环境会计发展的内因，因此政府环境管制部门是环境信息的主要用户。政府使用环境会计信息的目的在于验证环境信息的真实性，确保企业环境行为的合规性。

其他环境利益相关者受企业环境污染行为影响较大，且对企业环境行为起重要监督作用，包括其他企业、社会公众和环境利益团体。其他环境利益相关者作为环境信息的密切关注者，也是环境信息的用户之一，但由于其强制力比政府机关弱，故而归属于环境信息的次要用户。其他环境利益相关者使用环境会计信息的目的在于利用环境信息进行相关决策。

基于上述原则，环境会计的总体目标是：为政府环境管制部门以及其他所有环境利益相关者提供与环境政策制定和决策相关的环境会计信息。

二、环境会计具体目标

环境会计的具体目标是指环境会计信息的具体用途，主要包含以下两个角度。

从政府环境管制部门的角度来说，环境会计信息应具备以下用途：第一，有助于政府环境管制部门对企业与社会整体环境行为现状进行判断；第二，能够对制定环境控制政策提供依据；第三，能够对环境控制对策的有效性进行评价。

从其他环境利益相关者的角度来说，环境会计信息应具备以下用途：第一，能够为企业在预算、生产和投资等决策方面提供环境信息支持；第二，有助于社会公众评估企业环境污染排放影响和环境绩效改善影响。

第三节 基于投入产出的实物维度环境会计要素分析

环境会计要素设计是环境会计理论框架的重点。环境会计要素计量与环境管制产生不适应的主要原因是：环境会计要素分类与环境管制需求不匹配。其中，实物维度信息是环境管制主体使用环境信息进行环境政策制定的基础，因此，本书首先对实物维度环境会计要素进行设计。

一、实物维度环境会计要素的信息质量特征

实物维度信息是环境会计信息的基础，实物维度会计要素应具备的主要质量特征为真实性、可核性、重要性。

（1）真实性是指环境会计信息应如实计量和如实叙述，以反映真实的环境状况。如果某项环境会计信息不真实，则不具备有用性。真实性要求环境会计的实物计量必须以自然科学领域的物质不灭原理为依据。物质不灭原理是要素投入产出关系的基本核验依据，使环境会计信息可以真实反映企业的环境行为，从而增加环境会计信息的有用性。

（2）可核性是指不同的信息使用者采用同样的计量方法可以对相关的环境会计信息作出与信息提供者一样的结论。环境要素投入后，在转化过程中存在较大的不确定性（物质走向的不确定性以及损耗的不确定性）。因此，企业提供的环境会计信息需要由环境管制主体进行验证，方可得出真实性的结论。

（3）重要性是保障实物维度环境会计要素信息有效供给的重要质量特征。重要性是指，并非所有的物质投入产出都属于环境会计实物计量的对象，只有对环境管制主体而言重要的环境信息才需要提供。重要性还意味着，环境会计所计量的实物要素不应以其数量大小来判断重要性程度，而应以其对环境影响的大小来判断。部分环境污染物质虽然排放量较少，但是如果其对环境的影响较大，则也应纳入环境会计实物计量的范畴。

二、实物维度要素设计基本假设

1. 投入产出主体假设

投入产出主体是指环境会计实物计量的空间范围，决定了环境会计核算的内容以及所提供的报表的范围。实物计量主体应该是有物质投入产出的企业或部门。生产车间具备物质投入产出转化环节，是环境会计实物计量的主体，而财务部门等职能部门没有物质投入产出转化环节，或物质投入产出于环境而言不重要，因此不是环境会计实物计量的主体。

2. 投入产出平衡假设

根据物质守恒原理，所有的投入都以一定的形式产出，若将企业的生产经营场所划分为组织边界，那么在该边界范围内，投入的原料、资源以及能源等都以产品、废弃物或排放的形式产出，且二者存在平衡关系。

物质资源是企业生产经营活动的主要来源和直接来源。理想情况下，基于物质不灭原理，任何物质都不能凭空产生或消失。因此，从物质守恒角度而言，企业任一时期的投入等于当期的产出。

投入产出平衡假设是信息可核性的前提。只有存在投入产出平衡关系，才有了环境要素验证的逻辑。企业对投入产出实物量进行描述时，由于有的产出物无法确切度量，因此无法直接对投入产出进行量度，同时也无法验证信息的真实性，影响环境会计的信息质量。在缺乏直接计量手段时，用投入产出平衡关系可以帮助会计人员和环境管制主体挖掘环境改善的潜力。

三、实物维度环境会计要素分析

当前我国污染物排放重末端计量、轻源头追溯，环境治理成效的真实性有待检验。部分企业的环境治理流于形式，只是将污染物移出企业边界或转化传播媒介，而未将其彻底消纳。污染物移出边界或转化传播媒介，并不能代表排放总量减少，而是企业对其环境责任的变相规避，环境污染问题没有从根本上得到解决。

本书提出，只有彻底消纳的负产出才是环境治理的成功。消纳一方面指对负产出的内部循环利用，另一方面指将负产出转化为正产出。本书根据物质不灭原理，设计实物维度环境会计要素，目的是向环境管制部门提供真实、可核的环境治理相关信息。

实物维度要素是指对物质的计量，凡是物质，皆遵循物质不灭原理。因此，本书基于物质不灭原理，以物质投入产出恒等为依据，设计实物维度环境会计要素。

基于物质不灭理论，物质投入等于物质产出。因此，企业当期消耗的全部物质投入等于全部物质产出，故实物维度的会计要素应首先遵循以下基本恒等关系：当期消耗 = 当期产出。

当期消耗是指由企业控制的，且当期转化为产出或以转化产出为目的的全部实物要素，本书将其定义为消耗要素。企业控制的实物资源，一部分可以直接转化为产出，如原材料、辅助材料，另一部分其本身形态并不随着产出发生而转移，但在生产过程中起重要催化作用，如机器设备、人工。因此，根据消耗要素本身的物理或化学形态是否伴随着产出而转移，可以将其分为存量消耗要素和流量消耗要素两类。流量消耗要素是指消耗量随产出量增加而增加的物质，其物理和化学形态伴随着生产过程发生明显改变；存量消耗要素是指物理和化学形态不因生产过程而发生明显改变的物质，主要包括机器设备和人力。在实物维度要素的设计中，消耗要素特指流量消耗要素。

当期产出根据流向可分为市场产出和环境产出。市场产出主要是指产品，环境产出根据其对环境的影响可进一步分为正产出和负产出。因此，当期产出可以界定为产品要素、正产出要素和负产出要素。产品要素是指为流向市场而生产的产品；正产出要素是指经环境治理由负产出转化而来的副产品（例如，电厂脱硫后的石膏）；负产出要素是指对环境有负面影响的产出物（例如，工业“三废”）。实物维度环境会计要素关系如图 4 - 1 所示。

首先，为了保障消耗要素的真实性，当期消耗的数量应该采用实物盘存制推算。期初存量是上期实物盘存制的结果，具备可验证性；本期购入量有可追溯的采购清单和可盘点的实物形态，具备可验证性；期末存量具备实地盘存的实物形态，具有可验证性。由可验证的期初存量、本期购入和期末存量推算出的当期消耗便具备真实性。

其次，在当期产出中，产品和正产出具备可验证性，而负产出的未消纳量是环境管制主体所关注的核心内容。因此，根据物质不灭原理，可验证的当期消耗与可验证的产品和正产出的差额即为未消纳的负产出。

物质不灭原理既包括宏观物质的投入产出守恒，又包括微观元素的投入产出守恒。因此，实物维度的环境会计要素既可以用于对企业物质层面的总体投入产出进行描述和评价，也可以用于对环境管制重点关注的污染元素进行验证和评价。

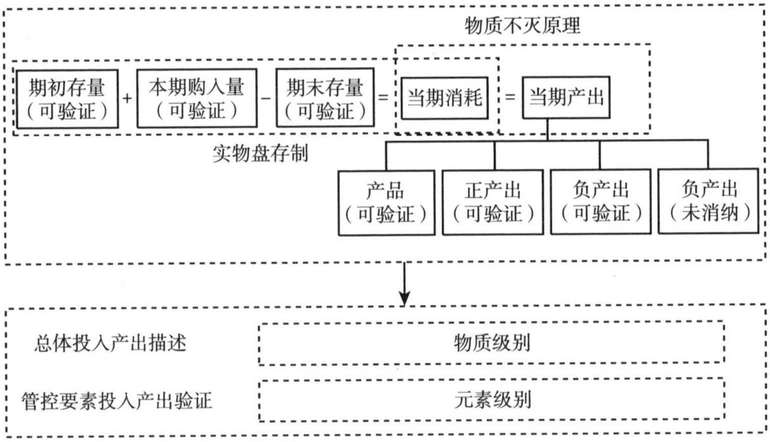

图 4－1　实物维度环境会计要素关系

基于上述分析，为了满足环境管制主体信息核验要求，本书将实物维度环境要素分为消耗要素、产品要素、正产出要素和负产出要素。上述实物维度的会计要素之间的关系可以表述为：消耗要素＝产品要素＋正产出要素＋负产出要素。

第四节　基于投入产出的价值维度环境会计要素分析

价值维度的环境会计要素主要是为了揭示企业为环境治理所牺牲的资源价值，以及环境治理效果的外部性损益。

实物维度环境会计要素首先关注消耗，消耗实质上是牺牲的投入，其最终归属是产出。价值维度环境会计要素则从投入环节开始，投入资源的价值是消耗资源价值的来源。消耗要素的价值分配应该以实物消耗量为基础，并根据投入资源的价值进行分配。消耗资源价值最终形成产出价值。因此，本书根据价值的形成过程，将价值维度环境会计要素分为投入要素、消耗要素、产出要素和权益要素。价值维度环境会计要素的设计思路如图4－2所示。

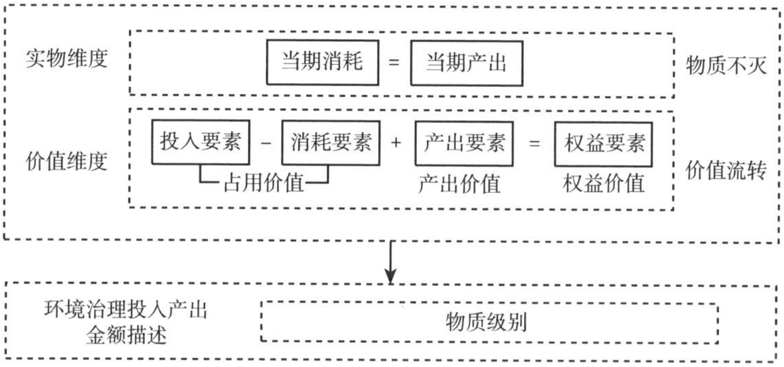

图4－2　价值维度环境会计要素的设计思路

投入要素是指企业投入生产或治理的要素，投入要素是价值计量的起点，其赋值方法决定了后续计量的准确性。消耗要素是企业日常发生的、会导致投入要素减少的且伴随着投入而消耗的要素。产出要素是由消耗要素所产生的、为企业带来经济损益或环境损益的要素。投入与消耗的差额是企业期末仍占用的环境资源，产出则代表了企业创造的环境资源。占用的环境资源与创造的环境资源共同构成了企业的环境权益，即权益要素。

基于上述价值创造过程，价值维度环境会计要素可以分为投入要素、消耗要素、产出要素和权益要素，要素间的关系可以表述为以下恒等关系：投入要素＋产出要素＝权益要素＋消耗要素。

第五节　基于投入产出的综合维度环境会计要素分析

一、综合维度环境会计要素基本假设

1. 可持续发展假设

可持续发展是指既满足当代人的需求，又不危害子孙后代对资源的需求。

可持续发展是对单一经济发展模式的修正，已经成为当今社会的主流发展模式。传统会计假设中的持续经营假设以非清算为基础，在此基础上，资产和负债被划分为流动和长期，资产的计价问题也依赖于持续经营。

环境会计的可持续发展假设应对传统会计持续经营假设进行继承与发展。一方面，可持续发展假设与持续经营假设一致，都假设在可预见的时间内，企业不会面临破产或清算，企业的经营直到受托责任的完成，这是对传统会计的继承；另一方面，环境资源的消耗和补偿是可持续的，企业消耗了多少环境资源，就应该相应地补偿多少环境资源，这是对传统会计的发展。这两个方面是相辅相成的，企业的经营应该符合环境政策的要求，企业的环境目标应该与国家的环境目标相一致。同时，企业在营利的同时要承担环境责任，确保环境资源的良性循环。

2. 环境效益对冲假设

传统会计依托货币计量，以经济效益为绩效评价的基础。随着实物量计量属性的引入，经济效益难以全面考核环境绩效。环境效益对冲假设是指企业的环境行为总体上既可以创造积极的环境效益，也可能产生消极的环境效益，这两种性质相反的环境效益可以相互抵消，最终的净值才是判断企业是环境友好型企业还是环境破坏型企业的标准。从投入产出的角度来看，部分企业投入的是对环境有害的产品，但是经过再造后的结果是对环境有益的，如有害固体废弃物回收处理企业；部分企业投入优质环境资源，却伴随着经济产品的生产产生有毒有害垃圾。因此，投入的是正效益产品，产出的可能是负效益产品；相反，投入的是负效益产品，产出的可能是正效益产品。故而，对企业环境效益的评价应该建立在环境效益对冲的基础上进行综合评判。

二、综合维度环境会计要素分析

实物维度和价值维度的要素已经可以基本满足环境管制的刚性评价需求。然而，上述要素的合规性证明作用大于可持续性评价作用。

基于此，本书对实物维度的要素进行再分类，以期构建适用于评价企业整体可持续发展水平的综合维度环境会计要素。综合维度环境会计要素的设计思路如图 4 – 3 所示。

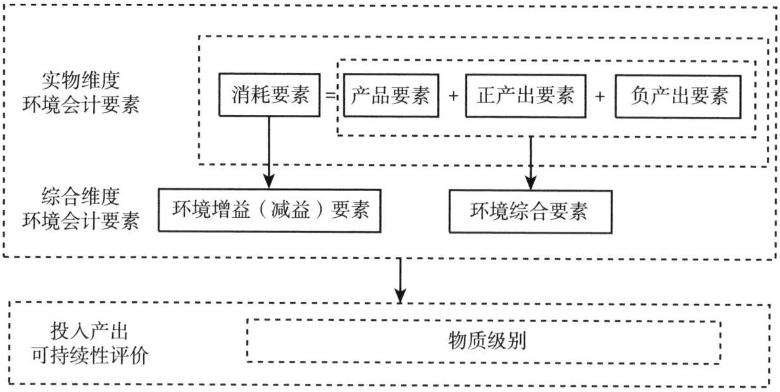

图 4 – 3　综合维度环境会计要素的设计思路

首先，企业的消耗要素应该以消耗较少的环境资源、创造较大的环境价值为目标。因此，本书构建环境增益要素和环境减益要素，以评价某项消耗要素的性质。

环境增益要素是指环境效益大于环境资源消耗的消耗要素，此类要素消耗较少的环境资源，产生较大的环境效益，因此对环境的净效益为正，是未来可以加大投入的要素。环境减益要素是指环境资源消耗大于环境效益的消耗要素，此类要素消耗较多的环境资源，产生较小的环境效益，因此对环境的净效益为负，是未来需要加以管控的要素。

其次，企业整体生产行为结果应有利于环境可持续发展水平的提高。因此，本书构建环境综合要素，以评价企业这一独立生产个体的性质。

环境综合要素是基于产出角度进行界定的，旨在对企业所有产出的环境效益进行综合评价。若产品、正产出的环境效益大于负产出的环境负荷，说明该企业的产出整体而言有益于环境可持续发展水平的提高；反之，则说明该企业的产出整体而言会降低环境可持续发展水平。

第六节　小　　结

本章针对环境会计要素与环境管制信息需求不适应性的问题，构建了基于投入产出的环境会计要素体系，具体内容如下。

第一，本章阐述了环境管制、传统会计和环境会计在投入产出逻辑关系应用上的异同。笔者发现，环境管制与目前环境会计研究的投入产出逻辑有相似之处，然而二者在目标、方法和应用上仍需进一步协调。我国环境会计是在传统会计的基础上，伴随着环境管制的日益完善而不断发展的一种会计理论与方法。因此，本书以环境管制与环境会计的共同逻辑（投入产出关系）为基础，设计环境会计要素体系，以从根本上提高二者的适应性。

第二，本章阐述了基于环境管制的环境会计目标的具体内容。本书所研究的环境会计特指企业环境会计，环境会计的总体目标是为政府环境管制部门以及其他所有环境利益相关者提供与环境政策制定和决策相关的环境会计信息，具体目标是满足政府环境管制部门和其他环境利益相关者的各种具体决策需要。

第三，本章针对环境管制主体对实物维度环境信息的需求，设计实物维度环境会计要素。实物维度会计要素应具备的主要质量特征为真实性、可核性、重要性。实物维度会计要素的前提假设是投入产出主体假设和投入产出平衡假设。基于物质不灭原理，实物要素的投入产出关系为当期消耗等于当期产出。因此，本章将实物维度会计要素按照投入产出恒等关系划分为消耗要素、产品要素、正产出要素和负产出要素，消耗要素 = 产品要素 + 正产出要素 + 负产出要素。基于真实性原则，用实物盘存制推算消耗类要素数量；基于可核性原则，用可验证的消耗要素、产品要素、正产出要素和负产出要素数量，倒挤出未消纳的负产出要素数量，从而达到检验企业真实治理效果的目的，为环境管制对污染物消纳路径的追踪奠定了基础。

第四，本章基于实物维度要素设计价值维度环境会计要素。价值维度环境会计要素旨在反映企业的环境治理耗费和环境治理外部性损益。根据价值要素投入产出关系，将价值维度环境会计要素分为投入要素、消耗要素、产出要素和权益要素。投入要素和消耗要素的差额反映企业留存的权益，产出要素反映企业占用的权益，留存与占用的权益共同构成企业的所有权益。因此，价值维度要素的恒等关系为：投入要素 + 产出要素 = 消耗要素 + 权益要素。

第五，对实物维度要素进行再分类，以满足可持续发展评价需求。以消耗较少的环境资源、产生较小的环境负荷为原则，根据消耗要素量与对应产出要素量的关系，设计环境增益要素和环境减益要素，以评价消耗要素的性质。以产生较多的产品和正产出、产生较少的负产出为原则，根据产品要素、正产出要素和负产出要素的关系，设计环境综合要素，以评价企业整体的可持续发展潜力。

第五章　基于投入产出的多维环境会计要素计量方法

环境会计要素的计量方法是环境会计要素得以呈现的重要保障。本章对实物维度、价值维度和综合维度的环境会计要素分别进行计量方法设计。针对实物维度环境会计要素，在界定实物计量范围的基础上，重点对消耗要素和负产出要素的实物计量方法进行设计。针对价值维度环境会计要素，在实物计量的基础上，重点设计消耗要素、产出要素和权益要素的价值计量方法。针对综合维度环境会计要素，对实物维度要素进行能值转化，重点设计环境增益要素、环境减益要素和环境综合要素的能值计量方法。

第一节　基于投入产出的多维环境会计要素计量属性

环境会计的双重计量属性是环境会计要素计量区别于传统会计要素计量的主要特征。因此，本章首先对环境会计要素的计量属性展开探讨。

环境会计的双重计量属性指其货币计量属性和非货币计量属性。货币计量属性的目标是向社会公众披露企业环境治理耗费信息和向环境管制部门提供负产出外部性损益信息；环境会计非货币计量属性的目标，一方面在于满足环境管制部门信息核验需求，另一方面在于满足企业可持续发展评价需求。

基于第三章的分析结论，环境管制对企业环境会计信息存在实物、价值和综合三方面的信息需求。因此，本书尝试从三个层面探讨环境会计的计量属性，具体而言，包括以下三个方面：其一，基础计量属性，该属性主要运用实物量计量方法对实物维度环境会计要素进行计量，主要用于环境管制主体的信息核验；其二，价值计量属性，该属性主要运用价值计量方法对价值维度环境会计要素进行计量，主要用于满足环境管制主体对企业环境治理耗费和环境治理外部性损益进行评价；其三，能值计量属性，该属性主要运用能值计量方法对实物维度环境会计要素进行能值再计量，主要用于环境管制主体对企业整体可持续发展水平进行综合评价。环境会计要素计量属性及应用范围如表 5－1 所示。

表 5－1　　　　环境会计要素计量属性及应用范围

计量属性	计量方法	对象		应用范围
		投入	产出	
基础计量属性	实物量计量	消耗要素	产品要素 正产出要素 负产出要素	信息核验基础
价值计量属性	价值量计量	投入要素 消耗要素	产出要素 权益要素	环境治理经济绩效评价
能值计量属性	能值计量	环境增益要素 环境减益要素	环境综合要素	整体可持续发展水平综合评价

第二节　基于投入产出的实物维度要素计量方法

本节依据物质不灭理论，重点设计基于实物盘存制的消耗要素计量模型和基于投入产出守恒的负产出要素计量模型，为环境管制主体信息核验提供依据。

一、实物维度要素内容

环境会计实物量计量内容是指实物量所要计量的物质内容。由于企业是一个开放系统，源源不断地与外界进行物质交互，因此，必须对物质的概念进行界定。

1. 物质的定义

关于物质的定义，主要有哲学范围的物质定义和自然科学的物质定义两种。

从马克思主义哲学的角度看，物质是标志客观实在的哲学范畴，这种客观实在是通过人的感觉所感知的，却不依赖于人的感觉而存在，只能为人的感觉所复写、摄影和反映。物质与意识相对应，世界的本质是物质的，意识是物质高度发展的产物，意识本身也是客观存在。物质的根本属性是运动，时间和空间本质上都是运动的物质的存在形式。自然界和人类社会的一切现象都是运动的物质的存在形式，马克思主义的物质概念是对世界上一切现象的高度概括。

从自然科学的角度看，物质的定义又有物理学定义和化学定义两种。物理学角度的物质定义是实物粒子和场的统称，凡是有能量或质量的都称为物质。化学角度的物质定义是有特定分子标识的有机物质或无机物质，主要包括天然存在物质、由化学反应产生的物质的化合物及元素、非化合原子团。

本书所指的物质是自然科学角度的物质，自然科学角度的物质构成了本书实物量计量的物质基础。根据物质不灭定律，在一个封闭系统中，无论物质发生何种变化过程，其总质量始终不变。根据物质守恒定律，任意封闭系统中的物质投入的质量等于物质产出的质量。因此，本书对实物量计量中的物质假定，在信息完备的条件下，如果投入、产出任何一端的物质种类、组成和质量已知，就可以推算出另一端的物质种类、组成和数量。

2. 实物要素计量内容

环境会计的实物量计量就是以物质不灭为原理，重点计量企业的消耗要素、产品要素、负产出要素和正产出要素四类实物要素。

关于消耗要素的计量内容，本书结合企业会计计量实践，根据是否以实物流转为依托，将其分为流量消耗和存量消耗。流量消耗是消耗量与产出量呈线性关系的消耗，根据消耗目的分为生产消耗（为生产产品而发生）和环境消耗（为抑制负产出或提高正产出而发生）；存量消耗是指消耗量与产出量呈非线性关系且不发生明显物理或化学变化的消耗，根据消耗目的分为生消耗、环境消耗和人工消耗（人力资源）。对消耗要素进行实物计量的主要目的在于推算投入产出之间的平衡关系，因此，实物计量下的消耗要素特指流量消耗。消耗要素的物质分类如表5-2所示。

表 5－2　　消耗要素的物质分类

消耗要素	内容
生产消耗	原材料、辅助材料、包装物、经营性材料、购进商品、汽油、煤炭、燃油、其他燃料、热力、可再生能源（生物质、木材）、太阳能、风能、水能、外购电力、自发电力、市政供水、地下水、天然泉水、雨水、地表水等
环境消耗	除尘消耗材料（活性炭、沸石、硅藻土等）、脱硫消耗材料（石灰类物质）、脱硝消耗材料（多孔氧化铝、分子筛等）、水污染治理消耗材料（臭氧，氯气，高氯酸盐、高锰酸钾等氧化剂，活泼金属原子或离子等还原剂，活性炭，黏土，金属氧化物，高能射线等催化剂）、其他污染治理消耗材料

关于产品要素、负产出要素和正产出要素，本书对其计量内容进行分别界定，如表 5－3 所示。

表 5－3　　产出要素的物质分类

产出要素	内容
产品	主要产品
负产出	可回收负产品（可回收垃圾、循环利用废水、其他可回收负产品）
	排向自然的负产品（城市垃圾、固体废物废水、一氧化碳、二氧化碳、氮氧化物、二氧化硫、灰尘、FCKWs、铵根、挥发性有机物、耗蚀臭氧层物质）
正产出	经环境治理由负产出转化而来的副产品

二、基于实物盘存制的消耗要素计量方法

消耗要素指当期消耗的物质要素，可用实物盘存法倒挤得出。消耗要素（当期消耗）= 期初存量 + 本期购入 − 期末存量，其计量模型如式（5－1）所示。

$$C_i = C_i^b + C_i^p - C_i^c \quad (i = 1, 2, \cdots, n) \tag{5-1}$$

其中，“C_i”表示第 i 种消耗要素，“C_i^b”表示第 i 种消耗要素的期初存量，“C_i^p”表示第 i 种消耗要素的当期采购量，“C_i^c”表示第 i 种消耗要素的期末存量。

消耗要素、产品要素、正产出要素已经在传统会计体系中予以记录，且大都以质量单位进行记录。环境会计只需要根据表 5－2 和表 5－3 的内容对其进

行识别。

三、基于投入产出守恒的负产出要素计量方法

消耗要素、产品要素、正产出要素往往可观测且可计量，负产出要素一方面具备不可观测性，另一方面属于环境管制重点管控对象，因此需要运用物质守恒原理对其进行合理推算。负产出要素的计量模型分宏观物质层面和微观元素层面两类。宏观物质层面的负产出计量模型用于对企业投入产出情况进行总体描述，微观元素层面的负产出计量模型用于核验负产出的治理情况。

1. 物质层面负产出计量模型

目前，我国环境管制的主要思路是对污染物进行总量控制和浓度控制，缺乏对消纳路径的关注。部分企业存在将污染物移出企业边界（将部分固体废弃物遗弃到村庄）或转化污染物传播媒介（由大气污染物转为水污染物）以规避环保核查的行为。污染物治理不彻底对我国环境的可持续发展提出了严峻考验。

本书认为，环境管制不仅要对污染物实行总量控制、浓度监测，还应对其进行治理路径追踪，以防止企业环境治理流于形式。只有被消纳的污染物才是真正治理成功的污染物，若企业不能证明污染物消纳路径，则不能称为减排成功。

因此，本书设计负产出计量模型，主要用以解决负产出治理路径不明的问题。基于物质不灭原理，所有投入都以物质形态产出，企业产出包括产品产出、正产出和负产出。现有会计体系已对全部产品产出、全部正产出进行记录，部分负产出，诸如粉煤灰等，也已经具备直接观测和计量技术，另一部分负产出则由于人类现有认知和技术条件的限制无法核验，并可能成为企业环境管理不善的借口。因此，用消耗要素扣减全部有实物量记录且可验证的产出，余下不知去向的产出主要是负产出。若扣除物质耗散和准许排放量以后仍有剩余，则说明企业未实现对负产出的彻底消纳，环境管制部门需对未彻底消纳的产出进行进一步管控，直至其彻底消纳。

基于上述思路，本书设计如下模型对物质层面负产出进行计量，如式

（5－2）和式（5－3）所示。

$$\sum_{i=1}^{n} C_i - \left(\sum_{i=1}^{n} Y_i^p + \sum_{i=1}^{n} Y_i^{pp} + \sum_{i=1}^{n} Y_i^{vp}\right) = Y^l + \xi \ (i=1, 2, \cdots, n) \qquad (5-2)$$

其中，“$\sum_{i=1}^{n} C_i$”表示当期全部消耗要素（可验证）；“$\sum_{i=1}^{n} Y_i^p$”表示全部产品要素（可验证）；“$\sum_{i=1}^{n} Y_i^{vp}$”表示部分可计量的负产出（可验证）；“$\sum_{i=1}^{n} Y_i^{pp}$”表示全部正产品要素（可验证）；“Y^l”表示不可计量的负产出，也称为“逃逸负产出”（不可验证）；“ξ”表示物质耗散损失。

$$Y_i^{tp} = Y_i^{ep} + Y_i^l \times \left(Y_i^{ep} / \sum_{i=1}^{n} Y_i^{ep}\right) \ (i=1, 2, \cdots, n) \qquad (5-3)$$

“Y_i^{tp}”表示第 i 类负产出总量，“Y_i^{ep}”表示第 i 类负产出排放量，“Y^l”表示逃逸负产出，“$Y_i^{ep} / \sum_{i=1}^{n} Y_i^{ep}$”表示第 i 类负产出的排放量占全部可验证负产出的比重。

由此可见，物质层面负产出的计量分两步进行。首先，需要通过式（5－2）推算出逃逸负产出，其推算原理是可验证的消耗要素减去可验证的产出要素，余额为不可验证的产出要素，这部分要素是未被计量的产出，是导致企业投入产出物质不守恒的主要原因。本书将这部分要素分为逃逸负产出和物质耗散损失。其次，通过式（5－3）将逃逸负产出分摊至负产出总量中。负产出总量应该由排放量和逃逸负产出构成，逃逸负产出需要以该类负产出排放量比重为权重，在各类负产出之间进行分摊。

逃逸负产出是指企业由于环境管理不善或环境技术欠缺而未能消纳殆尽的负产出，是环境管制部门未来重点管控的部分。如果企业不能就其具体物质形态和治理路径进行说明，则需要将其按照一定比例分摊至负产出总量中，以防止企业通过转移传播媒介的方式变相排放污染物。

物质耗散损失是指由于物质耗散而去向不明的物质。物质耗散是物理或化学变化中的普遍现象，只要系统不是封闭的，就难免有物质耗散。若想减少物质耗散，只能尽可能成为封闭系统。在实际情况中，企业往往难以实现系统的封闭，因此，物质耗散损失可以看作一种计量误差。

2. 元素层面负产出计量模型

物质层面的逃逸负产出可能包含多种负产出，由于无法识别具体物质项目，故将其按照可验证负产出产量进行分摊，但分摊结果可能不准确。因此，对于部分已辨明的负产出，还需要对形成负产出的主要元素进行投入产出推算，推算方式如图5－1所示。为了尽可能简要地阐明模型思路，本书以形成主要大气污染物二氧化硫中的硫元素为例进行说明。

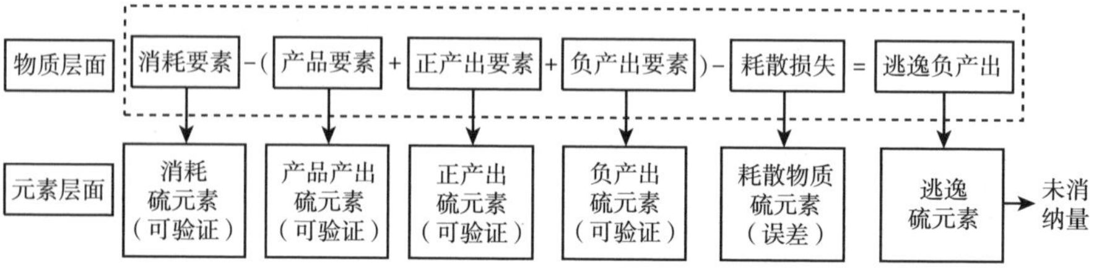

图5－1　元素层面负产出计量模型应用思路

根据物质不灭原理和实物维度要素的投入产出平衡关系，可以用消耗要素中的含硫量扣减全部可验证产出要素的含硫量，继而推算出逃逸硫元素的质量，代表未消纳的负产出中的含硫量。未消纳的负产出是环境管制部门需重点管控的对象。

根据上述设计思路，本书设计如下元素层面负产出计量模型，如式（5－4）所示。

$$C_S - (Y_S^p + Y_S^{pp} + Y_S^{vp}) = Y_S^l + \xi \tag{5-4}$$

其中，"C_S"表示消耗要素中含硫元素的质量，"Y_S^p"表示产品要素中含硫元素的质量，"Y_S^{pp}"表示正产出要素中含硫元素的质量，"Y_S^{vp}"表示负产出要素中含硫元素的质量，"Y_S^l"表示逃逸硫元素的质量，"ξ"表示硫元素的耗散损失。

第三节　基于投入产出的价值维度要素计量方法

价值维度环境会计要素分为初始计量和后续计量两个环节。本书在初始计量环节明确投入要素的价值赋值方法，在后续计量环节设计消耗要素、产出类要素和权益要素的价值计量模型。

一、投入要素赋值方法

价值维度环境会计要素的初始计量主要是指对投入要素进行赋值，投入要素的价值是后续价值流转的基础。投入要素赋值的对象是期初投入的消耗要素，是以实物计量为基础进行的赋值，因此，需要对投入要素的实物计量内容进行划分。投入要素实物计量内容如表 5－4 所示。

表 5－4　　投入要素实物计量内容

投入要素分类		内容
流量投入	生产投入	原材料、辅助材料、包装物、经营性材料、购进商品、汽油、煤炭、燃油、其他燃料、热力、可再生能源（生物质、木材）、太阳能、风能、水能、外购电力、自发电力、市政供水、地下水、天然泉水、雨水、地表水
	环境投入	除尘投入材料（活性炭、沸石、硅藻土等）、脱硫投入（石灰类物质）、脱硝投入（多孔氧化铝、分子筛等）、水污染治理投入（臭氧，氯气，高氯酸盐、高锰酸钾等氧化剂，活泼金属原子或离子等还原剂，活性炭，黏土，金属氧化物，高能射线等催化剂）、其他污染控制投入
存量投入	生产投入	土地、房屋、建筑物、机器设备、直接占用的自然资源
	环境投入	除尘设施、脱硫设施、脱硝设施、水污染治理设施、固体废弃物收集设施、其他污染控制设施
	人工投入	管理人员、生产人员和其他人员

首先根据投入要素的物质形态是否发生物理或化学变化，将其分为流量投入和存量投入。为了后续区分企业创造的生产性权益和环境权益价值的差异，在投入端将投入要素进一步划分为生产投入和环境投入。存量投入除了生产投入和环境投入以外，还包括人工投入，因为人员在生产中起着重要催化作用，人工价值是产出价值的重要来源。

投入要素有人造物质和未经加工的自然资源。人造物质往往具备完全的交换市场，因此可以用历史成本、公允价值等衡量其价值。自然资源的价值由市场价值和非市场价值两部分组成，市场价值是指交换市场中的价值，可以用一般的会计计量手段衡量；非市场价值是在非公开市场中的公平价值，反映的不是资产的最佳使用状态或在公开市场中的可实现价值，而是强调资产在特定条件下的效用价值。本书所研究的环境会计是企业层面的环境会计，笔者认可 Christ 和 Burritt（2017）[28]以及杨世忠和曹梅梅（2010）[33]等学者的观点，认为自然资源是宏观环境会计核算的内容。本书所指的投入要素，特指具备交换市场的人造物质和资源，投入要素的价值赋值方法可采用一般会计计量方法。

一般会计计量方法的理论来源是劳动价值理论，劳动价值理论的基本逻辑为“劳动—价值—价格”，即劳动创造价值，价值决定价格，它是商品生产和交换的理论基础。所有具有交换市场的商品，可以用交易价格作为其价值的衡量，即交换价值。一般会计要素的赋值正是基于交易的计量，同时也是会计学中价值的表达形式。

从投入产出的角度，交换价值可以分为投入价值和产出价值，假设环境要素的计量目的是为未来环境收益提供相对量度，那么计量假设应该以未来环境收益和未来环境产出需要为基础。由于计量方法是基于未来的产出，当未来产出价值的证据可靠时，优先以未来产出价值为计量基础；如果未来产出价值的相关证据不可靠，则用投入价值代替。

因此，可以进一步将交换价值分为交换投入价值和交换产出价值，交换投入价值的赋值方法包括历史成本法、现时成本法、现值法（未来成本的贴现值），交换产出价值的赋值方法包括现值法（未来预期环境收益的贴现值）、现时产出价值法，不同方法的适用性如表 5－5 所示。

表 5－5　以投入产出为口径的投入要素赋值方法及适用性

计量方法	适用条件
交换投入价值：	未来环境收益的价值不能可靠获得
历史成本法	取得成本可靠
现时投入成本法	现时投入价值可取得
现值法	未来成本已知或可预计
交换产出价值：	未来环境收益的价值可以可靠获得

续表

计量方法	适用条件
现值法	未来环境收益已知或能可靠估计，且获得收益的时间间隔较长
现时产出价值法	现时价格能合理反映未来环境产出的价格

二、消耗要素价值计量方法

价值类要素的后续计量是对消耗要素、产出类要素和权益要素的价值进行分配和归集。关于消耗要素，实物维度环境会计要素计量特指流量消耗要素，然而在价值维度中，存量消耗要素（设备、人工等）对价值生成起重要转化作用。因此，价值维度消耗要素的计量还包括存量消耗价值。消耗要素的价值计量通过分配率分配至产出类要素，分配过程如图 5－2 所示。

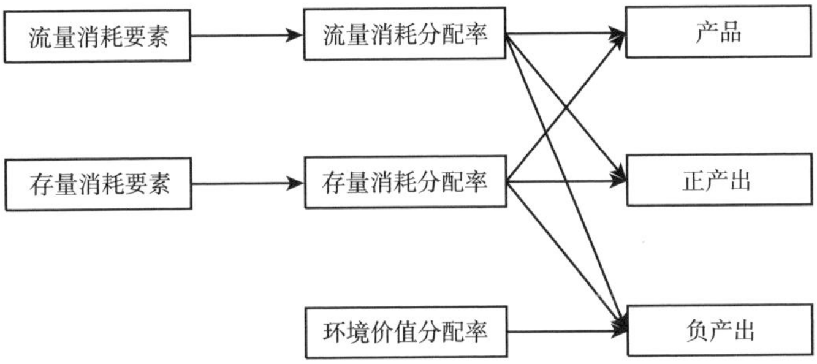

图 5－2　消耗要素价值计量

负产品和正产品均需消耗流量要素和存量要素，故其价值来源通过流量消耗分配率和存量消耗分配率计算而来。负产出的价值由两部分构成：一部分为内部治理价值，由流量消耗分配率和存量消耗分配率计算而来；另一部分为外部环境成本，即环境价值分配率，是一种单位虚拟治理成本，代表负产出的外部性价格，由相关环境经济评估方法计算而来。目前，我国生态环境部发布的《生态环境损害鉴定评估技术指南》已经为大气污染物和水污染物单位虚拟成本的确定提供了相关依据。

分配率的计算依据如表 5－6 所示。

表 5－6　　分配率的计算依据

消耗类别	是否与实物流转联动	内容
流量消耗分配率	是	原材料单位价值、辅助材料单位价值、包装物单位价值、经营性材料单位价值、购进商品单位价值；能源单位价值、水资源单位价值；除尘投入材料单位价值、脱硫投入材料单位价值、脱硝投入材料单位价值、水污染治理材料单位价值；其他污染控制投入单位价值
存量消耗分配率	否	该消耗中心内自然资源的消耗价值；该消耗中心内固定资产的折旧费；该消耗中心内相关资产、设备的修理费、人工费；该消耗中心内的其他存量投入相关费用
环境价值分配率	—	单位虚拟治理成本

流量消耗分配率、存量消耗分配率和环境价值分配率的计算如式（5－5）和式（5－6）所示。

$$Rate_i^f = \frac{F_i}{Q_i^f} \tag{5-5}$$

其中，“$Rate_i^f$”代表第 i 种产出的流量消耗分配率，“F_i”代表第 i 种产出的流量消耗总价值，“Q_i^f”代表第 i 种产出的流量物质总消耗量。

$$Rate_k^S = \frac{S_k}{Q_k^s} \tag{5-6}$$

其中，“$Rate_k^S$”表示第 k 类存量价值分配率，“S_k”表示环境管制周期内第 k 类存量价值归集量，“Q_k^s”表示环境管制周期内第 k 类存量消耗价值的消耗动因量。

特别地，对于负产出，还要计算环境价值分配率，作为排向环境中的负产出的外部环境成本的计算依据。生态环境部于 2021 年发布的《生态环境损害鉴定评估技术指南》已经为大气污染物和水污染物单位虚拟成本的确定提供了相关依据，本书的环境价值分配率参照生态环境部所给出的计算单位虚拟治理支出的基本公式，如式（5－7）所示。

$$Rate_i^E = C \times \gamma \tag{5-7}$$

其中，“$Rate_i^E$”代表第 i 类负产出的环境价值分配率，“C”为实际单位治理成本，“γ”为调整系数。对于大气污染物，$\gamma=(\alpha\times\beta+\omega)\times\tau$；对于水污染物，$\gamma=\alpha\times\omega\times\tau$。其中，“$\alpha$”表示危害系数，“$\beta$”为受体敏感系数，“$\omega$”为环境功能系数，“$\tau$”为超标系数。

三、产出要素价值计量方法

产出类要素分为产品、正产出和负产出三类，其价值计量模型分别如式（5-8）至式（5-10）所示。

$$Y_i^p=\sum_{i=1,j=1}^{n}(Rate_{ij}^f\times Q_{ij})+\sum_{i=1,k=1}^{n}(Rate_{ik}^s\times D_{ik}) \tag{5-8}$$

其中，“Y_i^p”为第i类产品价值，“$Rate_{ij}^f$”为第i类产品的第j个流量消耗分配率，“Q_{ij}”为第i类产品的第j个流量要素消耗量，“$Rate_{ik}^s$”为第i类产品的第k个存量消耗分配率，“D_{ik}”为第i类产品的第k个存量消耗动因量。

$$Y_m^{pp}=\sum_{m=1,j=1}^{n}(Rate_{mj}^f\times Q_{mj})+\sum_{m=1,k=1}^{n}(Rate_{mk}^s\times D_{mk}) \tag{5-9}$$

其中，“Y_m^{pp}”为第m类正产品价值，“$Rate_{mj}^f$”为第m类正产品的第j个流量消耗分配率，“Q_{mj}”为第m类正产品的第j个流量要素消耗量，“$Rate_{mk}^s$”为第m类正产品的第k个存量消耗分配率，“D_{mk}”为第m类正产品的第k个存量消耗动因量。

$$Y_i^{np}=\left(\sum Rate_{ij}^f\times Q_{ij}^f+\sum Rate_{ij}^s\times Q_{ij}^s\right)+Rate_i^E\times(Q_i^n+Q_i^{ng}+Q_i^{ns}) \tag{5-10}$$

其中，“Y_i^{np}”为第i类负产出价值，“$Rate_{ij}^f$”为第i类负产出的第j个流量消耗分配率，“Q_{ij}^f”为第i类负产出的第j个流量要素消耗量，“$Rate_{ij}^s$”为第i类负产出的第j个存量消耗分配率，“Q_{ij}^s”为第i类负产出的第j个存量消耗动因；“$Rate_i^E$”为第i类负产出的环境价值分配率，“Q_i^n”为第i类负产出的逃逸量，“Q_i^{ng}”为第i类负产出的未治理量，“Q_i^{ns}”为第i类负产出的未达标排放量。

式（5-10）将负产出价值分为两部分，一部分为实际治理支出，另一部分为虚拟治理支出，如图 5－3 所示。

图 5－3 反映了负产出价值组成以及对应的实物量关系。负产出总量由治理量、未治理量和逃逸量三部分构成，治理量是指经环保治理后产生的负产出量；未治理量是指未经环保治理就直接排放到自然环境中的负产出量；逃逸量是指总投入量与总产出量的净差额，由于无法说明其去向而归为负产出量。

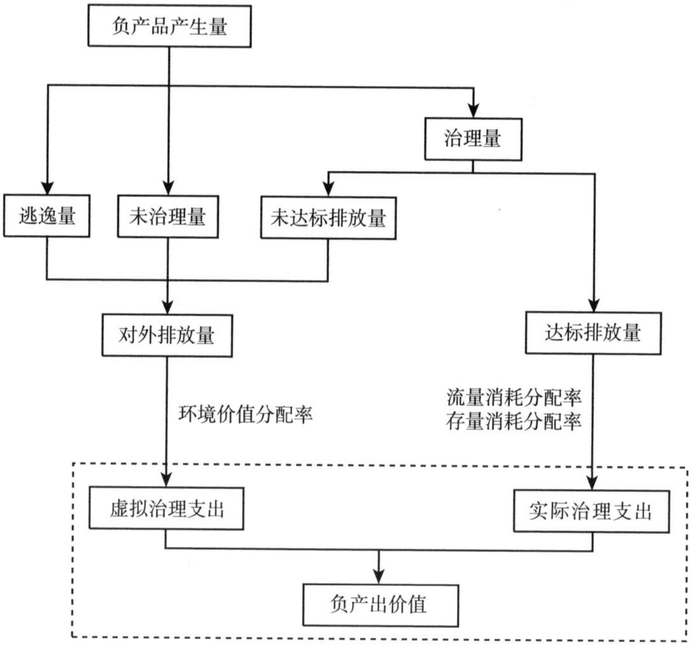

图 5－3　负产出价值构成

治理的结果分为治理达标（治理后达到环境管制主体的排放要求）和治理未达标（虽然治理过，但是未达到环境管制主体的排放要求）两种，治理达标的负产出的量为达标排放量，治理后未达标的负产出的量为未达标排放量。达标排放量可以代表企业的实际治理成效，因此与环境治理投入相匹配，承担的是实际治理价值。

未治理量、逃逸量和未达标排放量是排放到自然环境中的负产出量，且对自然环境有直接的负面影响，统称为“对外排放量”。排放量对应虚拟治理价值，即未被企业内部化的外部环境成本。

四、权益要素价值计量方法

权益要素价值分为生产性权益和环境权益，目的是区别反映企业生产经营成果和环境治理成果。权益要素价值计量反映的是投入要素、消耗要素和产出要素之间投入产出关系的最终结果。

生产性权益反映的是企业以盈利为目标进行的生产经营的留存，是生产性投入、生产性消耗和产品产出三者作用的结果；环境权益是企业以环境保护为目标进行的环境投入产出的留存，是环境投入、环境消耗和环境产品（正产品、负产品）三者作用的结果。生产性权益、环境权益的计量模型如式（5－11）和（5－12）所示。

$$E^c = \left(\sum_{i=1}^{n} I_i^c - \sum_{j=1}^{n} C_j^c\right) + \sum_{k=1}^{n} O_k^c \tag{5-11}$$

其中，“E^c”为生产性权益，“$\sum_{i=1}^{n} I_i^c$”为全部生产性投入要素价值，“$\sum_{j=1}^{n} C_j^c$”为全部生产性消耗要素价值，“$\sum_{k=1}^{n} O_k^c$”为全部产品产出要素价值。

$$E^e = \left(\sum_{i=1}^{n} I_i^e - \sum_{j=1}^{n} C_j^e\right) + \left(\sum_{k=1}^{n} O_k^{pp} - \sum_{g=1}^{n} O_g^{np}\right) \tag{5-12}$$

其中，“E^e”为环境权益，“$\sum_{i=1}^{n} I_i^e$”为全部环境投入要素价值，“$\sum_{j=1}^{n} C_j^e$”为全部环境消耗要素价值，“$\sum_{k=1}^{n} O_k^{pp}$”为全部正产出价值，“$\sum_{g=1}^{n} O_g^{np}$”为全部负产出价值。

第四节　基于投入产出的综合维度要素计量方法

环境管制主体对企业的环境行为进行评价时分为两方面：一方面为刚性评价，即污染排放是否达标；一方面为柔性评价，即在达标的基础上对评价对象的整体可持续发展水平进行排序。

实物维度和价值维度要素计量方法已经可以基本满足环境管制主体刚性评

价的需求。然而，上述要素仅能证明企业是否合规，无法充分揭示企业未来的可持续发展水平，因而为环境管制主体对企业整体可持续发展水平进行柔性评价造成了障碍。

针对以上问题，本节基于实物量计量基础，使用能值分析法对实物要素进行再计量，于综合维度设计环境增益（减益）要素和环境综合要素的能值计量模型，以满足环境管制主体柔性评价的需要。

一、能值理论应用的可行性分析

能值分析是 H. T. Odum 提出的生态经济学的一种分析方法，所谓能值是指贮存在某种能量中的另一种类别的能量。能值分析法认为，任何形式的能量均起源于太阳能，故而可以用太阳能值（Solar Emergy）来衡量自然界的各种能量，单位为太阳能焦耳（Solar Emejoules，sej）。生态经济中不同种类、不同单位的能量及物质都可以通过能值转换率转化成相同的度量单位，即太阳能焦耳，从而进行衡量和比较，定量分析环境资源的真实效益。

环境会计在进行信息披露时，最大的问题是无法将资源的流转进行量化，运用能值理论则可以解决这一问题。在取得一个生态经济系统所耗费各类资源的原始资料后，可以先将不同单位的资源（如煤炭和人工的消耗量）转化成同一能量单位——太阳能焦耳，在这一步骤中需要用到能值转换率作为转化中介。能值理论将生态系统看作是一个自组织的能量系统，类似于食物链的流转，能量在经济生产活动的每一环节都伴随着一定量的流失，因此，随着能量从低等级的太阳能向高等级的各级消费者的能量转化，能量的数量呈递减趋势，而能级却在增加。在一个生态经济系统中，能流总是从能量多而能级低的等级（如太阳能）向能量少而能级高的等级（如电能）流动。能值转换率随着能量等级的提高而增加，通常用 $a \times 10^t$ 表示，“t”为数量级。

用能量单位和货币单位计量物质流已经实现了不同物质之间的计量单位的统一，本书接下来的内容从能值与能量、能值与货币两个角度作进一步说明，为什么用能值单位计量物质流会比用能量单位和货币单位更优。

1. 能值与能量

能值理论的前身为生态能量学，这是一门研究环境系统与生命系统之间能量运动规律的科学，属于生态学领域。生态能量学研究的是能量流与其他生态流之间的相互关系，如物质流、生物流和信息流。

生命活动的基础依赖于能量的流转，能量的流转是构成生命活动的前提。早在18世纪中叶，科学家就认识到了能量的客观存在，并于18世纪后期首次测度了动物蕴含的能量。在能量这一概念的基础上，19世纪的科学家迈尔提出了能量守恒定律，后发展成为热力学第一定律，该定律认为能量可以从一种形式转换成另一种形式，但总量不变。

能量守恒定律为能量的计算提供了理论基础，由此衍生了焦耳、辐射照度、功能等能量测定单位，如表5-7所示。

表5-7　能量类型及能量测定单位

能量类型	测定单位
生态系统、生物	焦耳
光波	辐射照度
气体膨胀压力、电磁场	功能
温度	热量
化学	摩尔
生物能	标准燃烧值

在此基础上发展而来的热力学第二定律认为，热量总是从高向低传递，具有不可逆性。热力学的发展为生态能量学的研究奠定了理论基础。食物链、生态金字塔、能量转化的“十分之一定律”等基本能量理论，为生态能量学开辟了研究路径。

在生态能量学的影响下，科学家长期以来以能量为共同尺度，对系统间的能量流动和传递规律进行了分析研究。然而，能量分析仅对同类型的能量进行分析和比较，不同类型的能量存在质的区别和价值的差异，不可简单相加和直接比较。例如，发电产生的1焦耳电能与燃煤产生的1焦耳热能，虽然单位相等，但电能和热能除本质上不是一种类型的能量外，无论从生产方式还是用途上，都不可一概而论。对于工业系统的总能量输入，除表明工业系统对生物能、工业能在内的总能源消耗水平外，难以进一步说明其他有关工业系统的特征，更无法阐明工业系统与自然环境资源的本质关系。20世纪80年代后期，能值理论作为集生态学和生态经济学的大成之作，为经济与自然关系的研究提供了一条定量研究的路径，实现了从能量到能值的重大突破。

能值理论的代表是美国系统生态学家 H. T. Odum，他提出的能值理论首次以物质流为连接点，将能量流与经济流的信息结合起来，至此，生态系统的三大功能过程（物质流、能量流、经济流）不再是孤立的，而是通过一个统一的度量标准——能值，形成一个有机整体。能值与能量的主要区别如表 5 – 8 所示。

表 5 – 8　　能量和能值的区别

区别	能值分析	能量分析
分析目标	定量评估公共政策选择、环境影响，为资源管理提供定量支持，用同一种能源表达所有的能源和资源	能量是反映环境影响的一级指标，比货币价格所暗示的影响更直接；能量指标与经济指标、生态指标一起使用，容易推广到经济系统的各环节
应用领域	政策分析、净能量分析、进出口平衡	政策分析、净能量分析、进出口平衡
与经济分析的联系	能值可以转化为货币等价物	用正确的价格反映能量分析的结果
量化形式	能值（emergy）：生产产品或服务所需要的直接和间接能量乘以能治转换率	体现能（Enbodied Energy）：生产产品或服务所需要的直接和间接能量，体现为能量强度乘以能量流
流量变量的形式	既可以用能量流，也可以用物质流	在生态系统中用能量流，在经济系统中只能用货币流、物质流
计量程序	制造一个产品所需的所有能量都用一种类型的能量来表示，包括服务中的可再生资源、不可再生资源和能源	以能量平衡假设为依据，每个子系统的投入产出都是平衡的，这种平衡是一种假设，而不是热力学第一定律的直接结果

能量与能值都可以实现量纲的统一，但是能值分析在物质计量上优于能量分析，具体体现在以下两个方面。

第一，能量分析把不同性质和来源的能量加以比较和分析，然而不同类型的能量并不存在质的可加减性。例如，煤炭燃烧产生的 1 焦耳热能与电池释放的 1 焦耳电能是不一样的。可见能量只考虑了能量的数量，没有考虑能量的质量。以能值为共同的量纲，则可以将不同性质的能量建立在太阳能的基础上，从而实现质的可比性。

第二，能量分析不能衡量经济投入的价值。能值分析认为，财富是人类与自然共同创造的，所以能值是财富的客观反映，它包含社会与自然两方面的价值来源。自然资源、商品和劳务等都可以用能值衡量其固有的价值。

2. 能值与货币

社会经济系统中，物质的流动通常用货币流进行揭示。货币是用于物质资源交换和评价的一般等价物，货币流是一种与物质流反向的信息流。但是，货币不能表示资源的真正贡献，因为它只能被当作报酬在人类社会中流通，不会因为自然环境的贡献而被支付给自然。

蓝盛芳、钦佩和陆宏芳提出，虽然商品或服务的价格取决于市场供需、支付意愿等因素，但是货币的平均购买力实质上取决于有多少真正的财富，即能值。[148]因为社会经济的财富都直接或间接来源于自然，自然资源是可以用能值衡量的。因此，货币只能反映经济系统的价值贡献，能值则可以从其根源（自然资源的贡献）反映真正的财富价值。此外，用货币衡量自然资源的价值受时空因素影响较大，特别是生态环境改善的投入往往要长期才能见效，通过能值分析方法可以克服货币的时空变化特性而引起的价值评价偏差。因此，在衡量物质流方面，能值单位既存在与货币单位一样的优点（可加性），又能弥补货币单位计量时空变化导致价值评价偏差的不足。

二、综合维度要素计量方法

综合维度要素计量的难点在于不同环境物质要素计量单位不同，无法直接累加和对冲，能值分析法则可以解决该问题。根据能值理论，所有物质皆具备能值，且在能值转化率已知的前提下，可以在实物单位的基础上直接进行能值转化。物质的能值一方面可以代表某物质对自然资源的真实耗用，另一方面可以反映物质创造的环境价值。

环境增益（减益）要素是针对单项消耗要素而言的，评判依据是某项消耗要素的产出能值与消耗能值的关系。环境综合要素是针对全部产出而言的，评判依据是正产品产出能值与负产品产出能值的关系。上述要素的计量模型如式（5－13）和式（5－14）所示。

$$G_i = \sum_{i=1,j=1}^{n} Em_{ij}^{p} + \sum_{i=1,j=1}^{n} Em_{ij}^{pp} + \sum_{i=1,j=1}^{n} Em_{ij}^{g} - \sum_{i=1,j=1}^{n} Em_{ij}^{ep} - Em_i^{c} \quad (5-13)$$

其中，“G_i”表示环境效益值，若 $G_i > 0$，该产出为环境增益要素；若 $G_i < 0$，该产出为环境减益要素。“$\sum_{i=1,j=1}^{n} Em_{ij}^{p}$”第 i 类消耗要素对应的全部产品产出的能值，“$\sum_{i=1,j=1}^{n} Em_{ij}^{pp}$”表示第 i 类消耗要素对应的全部正产出的能值，“$\sum_{i=1,j=1}^{n} Em_{ij}^{g}$”表示第 i 类消耗要素对应的治理负产出的能值，“$\sum_{i=1,j=1}^{n} Em_{ij}^{ep}$”表示第 i 类消耗要素对应的未治理成功的负产出能值，“Em_i^{c}”表示第 i 种消耗要素能值。

$$C_t = \sum Em_i^{p} + \sum Em_j^{pp} - \sum Em_k^{np} \ (i, j, k = 1, 2, \cdots, n) \quad (5-14)$$

其中，“C_t”表示环境综合要素，“$\sum Em_i^{p}$”表示全部产品产出能值，“$\sum Em_j^{pp}$”表示全部正产出能值，“$\sum Em_k^{np}$”表示全部负产出能值。

第五节　环境会计要素计量应用案例

一、案例背景

本节以 C 电厂为例，对前文提出的环境会计计量方法进行应用。C 电厂位于沿海地区港口附近，直接占用的自然资源是土地，但是C 电厂所占土地没有直接证据证明其生态价值、观赏价值等使用价值，附近也无居民居住，因此不考虑自然资源价值部分。C 电厂建有 2 台 60 万千瓦亚临界机组和 2 台 66 万千瓦超临界机组，所消耗的主要原料为煤炭。同时，该电厂同步配有静电除尘、脱硫、脱硝装置，以除去烟气中的污染物质，并设有废水处理系统。该电厂记录的主要负产品有烟尘、二氧化硫、氮氧化物、废水（脱硫废水和其他工业废水）、二氧化碳、粉煤灰、炉渣和脱硫废渣，其中，烟尘、二氧化硫、氮氧化物尚不能实现完全脱除，而废水（脱硫废水和其他工业废水）、粉煤灰、炉渣和脱硫废渣已经在厂内实现了 100% 再利用，二氧化碳则全部排放到空气中。

该电厂的主要生产性投入为煤炭以及点火用柴油，燃烧使用煤炭。作为主要原料的煤通过锅炉燃烧产生热能，燃烧是发电过程中最主要的化学变化，且环境治理设施伴随燃烧同步运作。煤燃烧后，一部分产生电能，一部分形成烟气中的大气污染物（烟尘、二氧化硫、氮氧化物）和二氧化碳，还有一部分与石灰石、水、液氨等环境治理材料结合或经环保处理，形成石膏、粉煤灰、炉渣和脱硫废渣。石膏在脱硫过程中形成，经治理后成为可以对外出售的正产品。除二氧化碳以外的负产出产量是 C 电厂连续自动监测（CEMs）设施的记录结果，二氧化碳排放量由专业的第三方机构核查而来。

本节案例所使用的相关数据从 C 电厂的《2018 年度生产快报》和《2018 年度环境报表》中提取而来。

二、实物维度要素计量方法应用

1. 消耗要素实物计量方法应用

C 电厂的消耗要素有流量消耗要素和存量消耗要素，流量消耗要素有煤、柴油、石灰石、脱硫淡水、液氨、脱硫废水、其他工业废水、二氧化碳、粉煤灰、炉渣、脱硫废渣；存量消耗要素包括生产性机组和相关人员以及环保设备和相关人员。实物维度计量特指流量消耗要素。

流量消耗要素中的废水（脱硫废水和其他工业废水）、粉煤灰、炉渣和脱硫废渣是负产出，但是由于其实现了 100% 厂内循环利用，故而将其作为环境消耗要素。本书根据 C 电厂所提供的会计资料，采用实物盘存制对其消耗要素的当期消耗量进行计算，消耗要素计算过程及结果如表 5-9 所示。

表 5-9　消耗要素计算过程及结果　　单位：吨

消耗要素	期初存量	本期购入	期末存量	当期消耗量
煤	23 524.00	4 573 464.00	676 229.04	3 920 758.96
柴油	0.00	225.00	0.00	225.00
石灰石	1 748.00	63 784.00	2 373.47	63 158.53
脱硫淡水	0.00	1 778 482.00	0.00	1 778 482.00

续表

消耗要素	期初存量	本期购入	期末存量	当期消耗量
液氨	0.00	1 686.42	0.00	1 686.42
脱硫废水	0.00	77 227.50	0.00	77 227.50
其他工业废水	0.00	94 090.50	0.00	94 090.50
粉煤灰	0.00	617 603.00	0.00	617 603.00
炉渣	0.00	125 644.00	0.00	125 644.00
脱硫废渣	0.00	101 936.09	0.00	101 936.09
总计	—	—	—	6 780 812.00

2. 产出要素实物计量方法应用

C 电厂的产品产出主要是电能，2018 年全厂发电量 132 亿千瓦时，发电标煤耗率 298.9 克/千瓦时。为了将电能单位焦耳转化成质量单位吨，本书用发电量和发电标煤耗率计算出电能相当于的煤炭吨数。C 电厂的正产出主要为石膏，石膏是烟气脱硫的副产品，是经环境治理后由污染物转化而来的产出，符合正产出的定义。C 电厂的负产出有大气污染物、废水、固体废弃物和二氧化碳。其中，二氧化碳由于未采取治理措施，故将其产出量全部视为未达标排放量。由于 C 电厂在地理位置上是一个开放系统，本书为煤炭、柴油、石灰石、脱硫淡水和液氨五类物质设置 1% 的物质耗散比率，物质耗散量为消耗量与物质耗散比率的乘积。C 电厂产出要素汇总如表 5-10 所示。

表 5-10　C 电厂产出要素汇总　单位：吨

当期产出	产出物质		数量
产品要素	电能*		3 949 654.11
正产出要素	石膏		113 843.00
负产出要素	烟尘	治理量	587 032.41
		达标排放量	81.80
	二氧化硫	治理量	28 827.21
		达标排放量	760.73

续表

当期产出	产出物质		数量
负产出要素	氮氧化物	治理量	4 680.92
		达标排放量	1 412.33
	二氧化碳	未达标排放量	967.31
	脱硫废水		77 227.50
	其他工业废水		94 090.50
	粉煤灰		617 603.00
	炉渣		125 644.00
	脱硫废渣		101 936.09
	物质耗散		57 643.11
	逃逸量		1 019 407.98
总产出			6 780 812.00

将所有的投入量减去可验证的产出量以及物质耗散后，仍有10.19万吨不明去向的产出，占总产出的15.03%。将这部分产出作为逃逸负产出处理，并在烟尘、二氧化硫、氮氧化物和二氧化碳之间进行分摊，分摊过程及负产出总量如表5－11所示。

表5－11　逃逸负产出分配　单位：吨

负产出	达标排放量	未达标排放量	总排放量	分摊的逃逸负产出量	总量
烟尘	81.80	—	81.80	25 879.34	25 961.14
二氧化硫	760.73	—	760.73	240 674.67	241 435.40
氮氧化物	1 412.33	—	1 412.33	446 823.53	448 235.86
二氧化碳	—	967.31	967.31	306 030.44	306 997.75
总计	2 254.86	967.31	3 222.17	1 019 407.98	1 022 630.15

由表5－12可知，利用投入产出核算前，C电厂的负产出排放量约为0.32万吨；投入产出核算后，C电厂未治理的逃逸负产出约为102.26万吨。在不能说明逃逸负产出的治理路径前，不能将其认定为治理成功，C电厂的环境治理水平仍有待提高。

表 5-12　　C 电厂投入产出核算前后负产出数量对比

排放负产出项目	投入产出核算前		投入产出核算后	
	排放量（吨）	占总产出比（%）	排放量（吨）	占总产出比（%）
烟尘	81.80	0.001	25 961.14	0.39
二氧化硫	760.73	0.011	241 435.40	3.56
氮氧化物	1 412.33	0.020	448 235.86	6.61
二氧化碳	967.31	0.014	306 997.75	4.53
总计	3 222.17	0.047	1 022 630.15	15.08

分摊前的负产出排放量占总产出的比例约为 0.05%，分摊后的负产出排放量约占总产出的 15.08%，说明 C 电厂的总产出中有 15.03% 的负产出没有得到有效消纳，C 电厂应进一步分析负产出的逃逸路径。

C 电厂的煤炭中所含硫元素是造成大气污染的主要原因之一，硫元素是二氧化硫的形成元素，因此，C 电厂燃烧所用煤炭中的硫元素是重点管控元素。C 电厂采用脱硫设施入口和出口的浓度差异计算的脱硫效率为 98%，硫元素的来源为煤炭，对应的正产出为脱硫石膏，对应的负产出为二氧化硫。为了检验 C 电厂的脱硫效率，本书根据物质不灭原理，依据消耗要素、产出要素化学转化关系，以及化学分子质量，对硫元素的投入产出进行计算，计算结果如表 5-13 所示。

表 5-13　　硫元素投入产出平衡表　　单位：吨

实物维度要素	物质内容	消耗/产出量	硫元素质量
消耗要素	煤炭	3 920 758.96	32 542.30
总计			32 542.30
正产出要素	脱硫石膏	113 843.00	23 655.69
负产出要素	二氧化硫	760.73	380.37
硫元素耗散	—	—	850.62
硫元素逃逸	—	—	7 655.62
总计			32 542.30

注：硫元素（S）的分子质量是 32，脱硫石膏（$2CaSO_4 \cdot 2H_2O$）的分子质量是 208，二氧化硫（SO_2）的分子质量是 64；该批次煤炭的硫分为 0.83%；本书假设物质耗散比率为 1%。

C 电厂当期消耗硫约 3.25 万吨，其中，约 2.37 万吨以脱硫石膏形式产出，380.37 吨以二氧化硫形式排放，850.62 吨形成耗散。根据投入产出关系，仍有约 0.77 万吨的硫不知去向。因此，该电厂对硫元素的实际治理效率仅有 76.47%（1－7 655.62 ÷ 32 542.30）。

C 电厂投入产出核算前后硫元素治理效率对比如表 5－14 所示。

表 5－14　C 电厂投入产出核算前后硫元素治理效率对比

重点管控元素	投入产出核算前		投入产出核算后	
	硫元素治理效率计算方式	治理效率	硫元素治理效率计算方式	治理效率
硫元素	脱硫设施入口和出口的浓度差异	98%	投入产出关系推算	76.47%

由表 5－14 可知，硫元素的实际治理效率在投入产出推算后，由原来浓度检测结果的 98%，下降至 76.47%，主要原因在于硫元素的逃逸。在消耗的硫元素中，部分以二氧化硫的形式治理达标后排放，部分转化成石膏，其余 23.53%（1－76.47%）的硫元素则没有明确治理路径。

三、价值维度要素计量方法应用

首先，笔者从相关财务资料和生产资料中按照本书提出的定义，对投入要素及其金额进行识别。生产性流量投入包括煤炭和点火用柴油。环境流量投入包括石灰石、液氨和脱硫淡水，分别用于脱硫、脱硝和除尘。生产性存量投入包括发电机组的账面价值和当期支付的与生产相关的人员工资。环境存量投入包括环保设备和环境管理人员工资。投入要素项目及金额如表 5－15 所示。

表 5－15　投入要素项目及金额

类别		项目	金额（万元）
流量投入	生产性流量投入	煤炭	318 818.53
		柴油	35.42
	环境流量投入	石灰石	165.32
		液氨	367.35
		脱硫淡水	26.53

续表

类别		项目	金额（万元）
存量投入	生产性存量投入	发电机组	528 938.28
	生产性人工投入	人工投入	15 912.50
	环境存量投入	电除尘设备	65 000.00
		脱硫装置	32 785.00
		脱硝设备（低氮燃烧器）	14 234.00
		废水处理系统	46 400.00
		固废处理设备（灰库及渣仓）	82 344.00
	人工投入	人工投入	837.50

其次，笔者对当期消耗要素进行计算，计算结果如表 5 - 16 所示。其中，发电机组及环保设备金额为当期折旧额。为了清晰阐述本书所使用的方法，在价值维度要素计算中，假设当期投入量等于当期消耗量。

表 5 - 16　　消耗要素项目及金额

类别		项目	金额（万元）
流量消耗	生产性流量消耗	煤炭	318 818.53
		柴油	35.42
	环境流量消耗	石灰石	165.32
		液氨	367.35
		脱硫淡水	26.53
存量消耗	生产性存量消耗	发电机组	39 386.67
	生产性人工消耗	人工消耗	15 912.50
	环境流量消耗	电除尘设备	3 250.00
		脱硫装置	1 639.25
		脱硝设备（低氮燃烧器）	711.70
		废水处理系统	2 320.00
		固废处理设备（灰库及渣仓）	5 489.60
	环境人工消耗	人工消耗	837.50

接着，根据流量消耗要素金额以及各类产出对相应流量要素的消耗量，计

算出适用的流量消耗分配率，如表5－17所示。根据存量消耗要素金额以及相应的消耗动因，计算出各类产出适用的存量消耗分配率，如表5－18所示。产品产出和正产出的消耗动因是产量，负产出的消耗动因为治理量。

表5－17　流量消耗分配率的计算

产出要素		消耗要素	消耗金额（万元）	消耗量（吨）	流量消耗分配率（万元/吨）
产品产出	电能	煤炭	232 024.86	2 853 389.91	0.24
		柴油	35.42	225.00	
正产出	石膏	煤炭	5 352.64	65 825.59	0.08
		石灰石	165.32	63 158.53	
负产出	烟尘	煤炭	1 220.63	15 011.09	0.08
		脱硫淡水	26.53	1 778 482.00	
	氮氧化物	煤炭	21 075.04	259 176.15	0.30
		液氨	367.35	1 686.42	
	二氧化硫	煤炭	11 351.75	139 601.28	0.08
	二氧化碳	煤炭	—	—	—
	脱硫废水	煤炭	3 631.06	44 654.00	0.08
	其他工业废水	煤炭	4 423.92	54 404.42	0.08
	粉煤灰	煤炭	29 038.30	357 106.57	0.08
	炉渣	煤炭	5 907.50	72 649.09	0.08
	脱硫废渣	煤炭	4 792.81	58 940.85	0.08

表5－18　存量消耗分配率的计算

项目			消耗金额（万元）	消耗动因量（吨）	存量消耗分配率（万元/吨）
产品产出	电能	发电机组	39 386.67	3 949 654.11	0.01
		人工	15 912.50		
正产出	石膏	脱硫设施	1 639.25	113 843.00	0.02
		人工	837.50		

续表

项目			消耗金额（万元）	消耗动因量（吨）	存量消耗分配率（万元/吨）
负产出	烟尘	除尘设施	3 250.00	587 032.41	0.01
		人工	837.50		
	氮氧化物	脱硝设施	711.70	4 680.92	0.33
		人工	837.50		
	二氧化硫	煤炭	1 639.25	28 827.21	0.09
		人工	837.50		
	二氧化碳	—	—	—	—
	脱硫废水	废水处理系统	2 320.00	77 227.50	0.04
		人工	837.50		
	其他工业废水	废水处理系统	2 320.00	94 090.50	0.03
		人工	837.50		
	粉煤灰	固废处理设施	5 489.60	617 603.00	0.01
		人工	837.50		
	炉渣	固废处理设施	5 489.60	125 644.00	0.05
		人工	837.50		
	脱硫废渣	固废处理设施	5 489.60	101 936.09	0.06
		人工	837.50		

最后，计算各类产出的最终价值。根据流量消耗分配率和存量消耗分配率计算产品产出和正产出的价值，如表5－19所示。根据流量消耗分配率、存量消耗分配率和环境价值分配率计算负产出的价值，如表5－20所示。由于C电厂向环境中排放的仅有大气污染物，因此，本书对烟尘、二氧化硫、二氧化碳和氮氧化物的虚拟治理支出进行核算。

表5－19　产品产出和正产出价值

产出	产量（吨）	流量价值分配率（万元/吨）	存量价值分配率（万元/吨）	总价值（万元）
电能	3 949 654.11	0.24	0.01	998 230.65
石膏	113 843.00	0.08	0.02	12 031.94

表 5-20 负产出价值

负产出	达标排放量（吨）	流量消耗分配率（万元/吨）	存量消耗分配率（万元/吨）	实际治理支出（万元）	对外排放量（吨）	环境价值分配率（万元/吨）	虚拟治理支出（万元/吨）	总价值（万元）
烟尘	123 224	0.08	0.01	51 831	25 961	2.7500	71 393	123 224
二氧化硫	664 730	0.08	0.09	783	241 435	2.7500	663 947	664 730
氮氧化物	1 250 813	0.30	0.33	18 164	448 236	2.7500	1 232 649	1 250 813
二氧化碳	737	—	—	—	306 998	0.0024	737	737
脱硫废水	9 437	0.08	0.04	9 437	—	—	—	9 437
其他工业废水	10 809	0.08	0.03	10 809	—	—	—	10 809
粉煤灰	56 548	0.08	0.01	56 548	—	—	—	56 548
炉渣	16 544	0.08	0.05	16 544	—	—	—	16 544
脱硫废渣	14 616	0.08	0.06	14 616	—	—	—	14 616
总计								2 138 021

注：关于虚拟治理支出中调整系数的计算，根据《生态环境损害鉴定评估技术指南 基础方法 第 1 部分：大气污染虚拟治理成本法》，调整系数 γ 的计算公式为 $\gamma=(\alpha\times\beta+\omega)\times\tau$，其中，“$\alpha$” 表示危害系数，“$\beta$” 为受体敏感系数，“$\omega$” 为环境功能系数，“$\tau$” 为超标系数。按照该技术指南，烟尘、二氧化硫、氮氧化物和二氧化碳的 α 分别为 1.25、1.25、1.25、1.5；由于该电厂与人群聚集地的距离大于 5 千米，因此 β 取 1；由于该电厂所在区域为农村地区，故而环境功能区类别为Ⅱ类，ω 为 1；由于大气污染物浓度均未超标，故而 τ 取 1。由于该电厂未对二氧化碳进行治理投资，故而无实际治理支出资料，虚拟治理价值无法计算，本书使用环保税中的单位征税额 0.002 4 万元/吨代替。

由表 5-19、表 5-20 可知，C 电厂产品产出、正产出和负产出在总产出价值中的占比分别为 31.71%、0.38% 和 67.91%。在考虑逃逸负产出和虚拟治理价值之后，C 电厂需要为污染物消纳不力付出巨大的代价，因此倒逼电厂加大治理投入，进行绿色转型。

表 5-21 反映了投入产出核算前后 C 电厂负产出价值的变化。

C 电厂 2018 年度发生的成本费用共计 38 亿元，其中，二氧化硫、烟尘、氮氧化物的治理成本分别为 5.70 亿元、0.43 亿元、6.35 亿元。

表 5－21　　投入产出核算前后负产出价值对比

投入产出核算前				投入产出核算后			
负产出数量依据	价值来源	总金额（万元）	占总产出金额比（%）	负产出数量依据	价值来源	总金额（万元）	占总产出金额比（%）
达标排放量	烟尘、二氧化硫、氮氧化物的治理成本（设备运行成本、材料成本）	380 412.08	3.28	达标排放量、未达标排放量、逃逸量	内部治理支出、虚拟治理支出	2 126 441	67.91

投入产出核算前，负产出占比 3.28%［（5.70＋0.43＋6.35）÷38×100%］。本书综合考虑内部治理支出与虚拟（外部）治理支出后，得出负产出的实际耗费占总产出的 67.79%，明显高于传统的会计核算方式。高昂的外部补偿成本，迫使 C 电厂形成绿色转型内推动力。

四、综合维度要素计量方法应用

综合维度要素的计量是在实物维度要素计量的基础上，对实物量要素进行能值转化，从而满足环境管制主体对消耗要素的性质和整体可持续发展水平进行综合评判的需求。

综合维度要素是以能值为量纲，对实物维度要素进行再计量，以评判实物维度要素的投入和消耗是否满足可持续发展假设的要求。对于某类消耗要素，使用能值对其进行再计量，有助于判断某类生产类要素是否危及子孙后代的利益，同时也有助于判断某类污染物的治理是否以牺牲另一种资源为代价。

本书对煤炭、柴油、石灰石、液氨和脱硫淡水五类消耗要素及其对应的产出进行分析，表 5－22 为消耗要素的能值计量结果，在表 5－22 的基础上计算的消耗要素的环境效益值如表 5－23 所示。

表 5-22 消耗要素能值计量结果

消耗要素	原始数据	单位	太阳能值转换率	单位	消耗太阳能值
煤炭	8.12×10^{16}	J	4.00×10^{4}	sej/J	3.25×10^{21}
石灰石	6.32×10^{16}	g	1.00×10^{9}	sej/g	6.32×10^{25}
液氨	1.69×10^{15}	g	1.00×10^{9}	sej/g	1.69×10^{24}
脱硫废水	1.78×10^{18}	g	6.64×10^{5}	sej/g	1.18×10^{24}

表 5-23 消耗要素的环境效益值

消耗要素	产出要素	原始数据	单位	太阳能值转换率	单位	产出太阳能值	环境效益值
煤炭	电能	4.76×10^{16}	J	1.60×10^{5}	sej/j	7.61×10^{21}	-4.67×10^{22}
	烟尘	5.87×10^{11}	g	8.60×10^{10}	sej/g	5.05×10^{22}	
	氮氧化物	6.09×10^{9}	g	8.60×10^{10}	sej/g	5.24×10^{20}	
	二氧化硫	2.96×10^{10}	g	8.60×10^{10}	sej/g	$2.54\text{E}\times10^{21}$	
	二氧化碳	9.67×10^{8}	g	8.60×10^{10}	sej/g	8.32×10^{19}	
	粉煤灰	6.18×10^{11}	g	8.30×10^{8}	sej/g	5.13×10^{20}	
	炉渣	1.26×10^{11}	g	8.30×10^{8}	sej/g	1.04×10^{20}	
	脱硫废渣	1.02×10^{11}	g	8.30×10^{8}	sej/g	8.46×10^{19}	
石灰石	石膏	1.14×10^{11}	g	1.00×10^{9}	sej/g	1.14×10^{20}	-6.32×10^{25}
	二氧化硫治理量	2.88×10^{10}	g	8.30×10^{8}	sej/g	2.39×10^{19}	
液氨	氮氧化物治理量	4.68×10^{9}	g	8.60×10^{10}	sej/g	4.02×10^{20}	-1.69×10^{24}
脱硫废水	烟尘治理量	5.87×10^{11}	g	8.60×10^{10}	sej/g	5.05×10^{22}	-1.13×10^{24}

注：由于柴油的消耗量较少，故而将其能值计算结果合并到煤炭能值中，C 电厂消耗柴油 9.62×10^{12} J，太阳能值转化率为 5.40×10^{4} sej/J。表中的能值转换率来源于参考文献[149][150]。

由表 5-23 可知，消耗要素皆为环境减益要素。这说明 C 电厂的环境治理虽然减少了污染物排放，但或许是以牺牲环境资源为代价以达到环境管制主体的要求。煤炭作为电能的主要来源，其环境效益值为 -4.67×10^{22} sej，说明燃煤发电不是一种可持续的发展方式。石灰石、液氨和脱硫淡水分别用于二氧化硫、氮氧化物和烟尘的治理，然而其最终环境效益值为负，说明当前的环境治理方式消耗了过多的环境资源。

表 5-24 为 C 电厂产出要素的能值分析，包括产品、负产出和正产出。产品主要是电能，正产品是石膏，其余为负产出。

表 5-24　　C 电厂产出要素能值分析

产出要素	项目	原始数据	单位	太阳能值转换率	单位	太阳能值（sej）
产品	电能	4.76×10^{16}	J	1.60×10^{5}	sej/j	7.61×10^{21}
正产出	石膏	1.14×10^{11}	g	1.00×10^{9}	sej/g	1.14×10^{20}
负产出	烟尘	5.87×10^{11}	g	8.60×10^{10}	sej/g	5.05×10^{22}
	二氧化硫	2.96×10^{10}	g	8.60×10^{10}	sej/g	2.54×10^{21}
	氮氧化物	6.09×10^{9}	g	8.60×10^{10}	sej/g	5.24×10^{20}
	脱硫废水	7.72×10^{10}	g	8.60×10^{5}	sej/g	6.64×10^{16}
	其他工业废水	9.41×10^{10}	g	8.60×10^{5}	sej/g	8.09×10^{16}
	二氧化碳	9.67×10^{8}	g	8.60×10^{10}	sej/g	8.32×10^{19}
	粉煤灰	6.18×10^{11}	g	8.3×10^{8}	sej/g	5.13×10^{20}
	炉渣	1.26×10^{11}	g	8.30×10^{8}	sej/g	1.04×10^{20}
	脱硫废渣	1.02×10^{11}	g	8.30×10^{8}	sej/g	8.46×10^{19}

根据产品、正产出和负产出的能值，可以得出 C 电厂的环境综合值为 -1.01×10^{23} sej。因此，对于整体环境而言，C 电厂为环境减益要素，其生产方式不利于环境可持续发展水平的提高。

第六节　小　　结

环境会计要素的计量是后续披露和评价的基础，本章针对第四章所设计的实物维度、价值维度和综合维度的环境会计要素，分别设计要素的计量方法，具体包括以下内容。

第一，环境会计要素属性设计。本章将环境会计的计量属性分为基础计量属性、价值计量属性和能值计量属性。基础计量属性主要运用实物量计量方法对实物维度环境会计要素进行计量，用于环境管制主体的信息核验；价值计量属性要运用价值计量方法对价值维度环境会计要素进行计量，用于满足环境管制主体对企业环境治理耗费和环境治理外部性损益进行评价；能值计量属性主要运用能值计量方法对实物维度环境会计要素进行能值再计量，用于环境管制主体对企业整体可持续发展水平进行综合评价。

第二，设计了实物维度环境会计要素的计量方法。当前污染物的管控思路是总量控制、末端监测，在这种方法下，部分负产出的治理去向不明，对环境信息的真实性提出了考验。因此，本书基于物质不灭原理，设计具备可核性的物质和元素层面的负产出计量模型。为了保障投入端的真实性，企业当期消耗要素应采用实物盘存制进行核算，即用期初、期末以及本期投入量倒挤当期消耗要素量。根据物质投入产出恒等关系，当期消耗等于当期产出，用当期消耗减去可验证产出，推算出企业实际未治理的负产出，将其与企业披露的排放负产出进行对比。如果未治理负产出多于企业披露的排放负产出，说明企业仍存在一部分去向不明的负产出。如果企业不能证明上述负产出的消纳路径，则不能认定为治理成功。实物维度环境会计要素的计量方法，既可以用于向环境管制主体进行投入产出总体描述，也可以用于政府环境管制部门的信息核验，满足了环境管制在环境信息真实性、可核性方面的需求。

第三，基于实物计量，设计了价值维度环境会计要素计量方法。价值计量分为投入要素的初始计量和其他要素的后续计量。初始计量主要探讨了投入要素的赋值方法，为后续计量奠定价值基础。后续计量是指消耗要素、产出要素和权益要素的价值计量。后续计量的方法是，先计算各类产出要素的流量、存量分配率，再根据各类产出对消耗要素的消耗量，计算产品、正产出和负产出的价值。权益要素则根据投入要素与消耗要素价值差额以及产出要素价值得来。

第四，对实物维度要素进行能值再计量。由于不同物质之间存在质的不可比，故而对实物维度环境会计要素进行能值转化。基于能值分析法，设计用于判断消耗要素性质的环境增益要素和环境减益要素计量模型，以及用于判断企业整体可持续发展水平的环境综合要素计量模型。能值维度的计量方法有利于满足环境管制主体对企业整体可持续发展水平进行评价的需求。

第五，以燃煤电厂为背景进行案例研究，对实物维度、价值维度和综合维度要素的计量方法进行应用，验证了模型的可操作性。

第六章 基于投入产出的环境信息披露内容设计

本章主要是研究如何对实物维度、价值维度和综合维度环境会计要素计量内容进行披露。首先，本章分析了环境管制强度与物质流信息披露的关系，得出环境会计信息披露内容应根据信息受众区分侧重点，实物维度环境会计信息应重点面向政府环境管制部门。其次，根据管控时点和管控对象，设计由准入模式、运行管控模式和管制退出模式构成的环境会计信息披露模式。最后，基于环境会计要素投入产出计量基础，设计面向政府环境管制部门的管制包专递内容和面向社会公众的对外公开信息披露内容。

第一节 环境管制强度与物质流信息披露水平的关系

自环境问题受到重视以来，企业对外公开披露的环境会计信息日益增多。然而，鉴于环境信息的专业性和复杂性，环境会计信息披露的内容既有多样性特征，也存在有用性的质疑。

实物维度信息既是环境管制主体“刚性约束”下的基础信息需求，决定了环境会计信息的真实性、可核性，也是综合维度信息的重要依据。实物维度环境信息披露的水平，决定了环境信息对环境管制主体而言是否真正有用。因此，实物维度环境信息是环境管制主体最迫切需求的信息。

目前理论界对环境会计信息披露的研究缺乏针对性，对环境信息披露水平的定义多从定量、定性以及自愿和强制角度出发，鲜有文献从实物维度环境会计信息视角研究环境管制与环境信息披露水平的关系。

本节从实物维度出发，对实物维度信息与环境信息披露水平的关系、实物维度信息与环境管制的关系，以及环境管制对实物维度信息披露影响的行业差异问题展开实证研究，以寻找当前环境会计信息披露模式、内容与环境管制存在不适应的原因，为本书所构建的环境会计信息披露内容与模式提供现实依据。

一、样本选择与数据来源

实物维度的环境信息是指企业在公开信息渠道中所披露的投入物质和产出物质的数量信息，本书将上述表述定义为物质流信息。

笔者选取在上海证券交易所上市的且已发布相关环境责任报告、社会责任报告及可持续发展报告的共 1 006 家公司作为样本，由于 2020 年部分样本公司的数据不全，本书选取 2015—2019 年作为研究期间。剔除*ST、ST、SST 类公司及样本数据不全的公司后，最终得到有效样本 544 家，其中重污染行业企业 170 家，非重污染行业企业 374 家。是否为重污染行业企业的判定标准是中国证券监督管理委员会发布的《上市公司行业分类指引》（2012 年修订）和原环境保护部发布的《上市公司环保核查行业分类管理名录》（环办函〔2008〕373 号）、《上市公司环境信息披露指南》（征求意见稿）。

二、理论分析与研究假设

目前理论界在研究环境信息披露水平时，将实物维度、价值维度和一些定性信息糅杂在一起，对环境信息披露内容的研究缺乏针对性。部分环境绩效不佳的企业可以通过更多地披露定性信息从而获得较高的分数，造成环境绩效低下的企业环境信息披露水平较高这一假象。实质上，“高水平”的环境信息披露由于掺杂了一部分“美化信息”，可能并不具备真实性和可核性，而是一种选择性信息披露行为，故无法真实反映企业的环境信息披露水平，无法为环境管制主体的政策制定和其他决策提供依据。

事实上，只有客观、真实、可验证的环境信息才能如实反映企业的环境活动全貌。实物维度的物质流信息作为一种客观定量信息，在环境管制主体的监管下，难以对其进行“美化”。因此，企业披露的环境信息中物质流信息的多少，可以反映企业真实的环境信息披露水平。

物质流信息披露在一定阶段内会提升环境信息披露的水平，然而，物质流信息并非越多越好，同大多数会计信息一样，物质流信息理论上也存在冗余现象。在环境管制的强制性制度下，企业可披露的物质流信息有项目、数量和形式的规定，从而为不同企业披露的信息提供了可比性依据。当企业按规定足量披露物质流信息时，信息使用者获得的信息可比性最强，信息的可参考性水平最高，因此环境信息披露质量最高。当物质流信息披露超过了环境监管的强制性范围，信息缺少形式和数量的约束，企业间物质流信息的异质性会导致信息的可比性降低，进而降低信息的有用性，该信息对信息使用者的可参考性水平降低，环境信息披露质量也因此降低。由此，提出如下假设：

假设1：物质流信息披露与环境会计信息披露水平呈倒“U”形关系，环境会计信息披露水平先是随着物质流信息披露的供给数量增加而上升，在到达拐点以后呈相反趋势。

此外，货币信息本质上是一种在人为交换市场中产生的信息，具有一定的主观性。企业的物质流信息是一种客观循环，在信息完备的假设下，投入和产出可以依据物质不灭原理进行互相推算。因此，物质流信息比货币信息更具可核性和真实性。然而，正是由于物质流信息的可核性和真实性，企业往往更愿意披露操纵空间更大的货币信息。物质流信息一方面可能涉及企业的生产机密，如某些制药企业的“独门秘方”，另一方面可能更容易被有心的投资者根据投入或产出的任一信息推算出另一信息的造假。企业的物质流信息披露往往是在环境管制主体，尤其是政府环境管制部门的要求下进行，环境管制通常要求企业直接披露对环境造成影响的物质，因此，物质流信息披露水平与环境管制强度理论上应服从正相关关系。由此，提出如下假设：

假设2：环境管制强度与物质流信息披露水平呈正相关关系。

我国环境管制的重点对象是重污染行业企业，然而，非重污染行业企业也进行了诸多环境信息披露的自愿性尝试。环境管制在直接作用于重污染行业的同时，也可能促使非重污染行业环境信息披露水平的提高。为了研究环境管制对物质流信息披露的行业影响，笔者对544家样本企业（重污染行业企业170家，非重污染行业企业374家）的物质流信息披露情况按照重污染行业和非重污染行业整理为表6-1。其中，物质流投入信息包括能源、设备、水、原料，物质流产出信息包括碳排放、其他大气污染物、水污染物、固体废弃物。

表6-1 物质流信息披露情况对比

年份	重污染行业					非重污染行业				
	物质流投入		物质流产出		总物质流（家）	物质流投入		物质流产出		总物质流（家）
	披露数量（家）	占比（%）	披露数量（家）	占比（%）		披露数量（家）	占比（%）	披露数量（家）	占比（%）	
2015	55	50.93	53	49.07	108	66	62.26	40	37.74	106
2016	39	52.00	36	48.00	75	64	62.14	39	37.86	103
2017	37	42.53	50	57.47	87	63	60.58	41	39.42	104
2018	45	48.39	48	51.61	93	71	58.68	50	41.32	121
2019	35	50.72	34	49.28	69	70	58.82	49	41.18	119

通过表6-1可以看出，非重污染行业披露的物质流信息数量总体而言比重污染行业多，因此，物质流信息披露存在显著的行业差异。汤亚莉、陈自力、刘星等（2006）的实证研究表明，规模大、盈利能力强的上市公司更倾向于披露更多的环境会计信息，以降低外部对企业的误解，改善企业与利益相关者的关系。[103]规模大的公司较容易引起环境管制主体的关注，因此，大公司的环境管制强度要大于小公司，大公司更有动力披露更多的环境信息以减少信息不对称而导致的代理成本，从而获得社会工作的支持以及降低违规成本。

重污染行业与非重污染行业的资产规模（期末资产的对数）和盈利能力（ROA）的对比，如表6-2所示。

表6-2 重污染行业与非重污染行业的资产规模和盈利能力对比

项目	非重污染行业	重污染行业
资产规模	23.5185	23.5156
盈利能力	0.036187	0.036174

比较发现，非重污染行业的资产规模和盈利能力均大于重污染行业。因此，有理由认为，环境管制对物质流信息披露水平的影响可能存在行业差异。

由此，本书提出如下假设：

假设 3：环境管制对物质流信息披露水平的影响存在行业差异，重污染行业环境管制强度的加大会削弱重污染行业企业的物质流信息披露水平。

三、变量设计

本书选取的变量及其含义如表 6－3 所示。

表 6－3 变量定义

变量类型		变量名称	变量符号	变量定义
假设 1	因变量	环境信息披露指数	*EDI*	衡量环境信息披露水平的变量
	自变量	物质流披露指数	*Tmar*	衡量物质流信息披露水平的变量
假设 2	因变量	物质流披露指数	*Tmar*	衡量物质流信息披露水平的变量
	自变量	环境管制强度	*EGP*	衡量企业所在地环境管制强度的变量
假设 3	因变量	物质流披露指数	*Tmar*	衡量物质流信息披露水平的变量
	自变量	交乘项	*EGP* × *Pollution*	环境管制强度和行业类别的交乘项
	自变量	环境管制强度	*EGP*	衡量企业所在地环境管制强度的变量
	自变量	行业类别	*Pollution*	虚拟变量，“1”代表重污染行业，“0”代表非重污染行业
控制变量		公司规模	ln*TA*	企业当期期末资产总额的自然对数
		盈利能力	*ROA*	资产收益率
		董事会规模	*Dsize*	董事会当期任职总人数
		监事会规模	*Ssize*	监事会当期任职总人数
		股权结构	*Top*1	企业第一大股东的持股比例
		高管薪酬	*Salary*	企业高管薪酬当期平均值的自然对数
		财务杠杆	*DFL*	总资产 ÷ 总负债
		行业类别	*Pollution*	虚拟变量，“1”代表重污染行业，“0”代表非重污染行业

本书采用环境信息披露指数（*EDI*）作为衡量环境信息披露水平的变量。目前对环境信息披露水平的计量主要有两种方法：内容分析法和计数法。内容分析法通过对披露内容归类量化从而得到有效信息，在环境信息披露研究领域中的应用较为广泛。计数法是对环境信息披露的字、句、页数进行计数的方

法，该方法的优点是较为客观，缺点是过于繁琐且流于表象，因此这种方法在近年的研究中较为少见。本书采用内容分析法衡量环境信息披露水平，并对样本公司在年报、可持续发展报告和社会责任报告中披露的环境会计信息进行归类，然后对各类环境会计信息进行赋值，构建环境信息披露指数，指数的构成要素及赋值标准如表 6－4 所示。

表 6－4　　环境信息披露指数构成要素及赋值标准

类别	构成要素	赋值标准
环境管理活动	环保方针、理念和环境制度、政策、目标	定量披露赋值 2 定性披露赋值 1 未披露赋值 0
	环境管理组织机制	
	环境风险管理机制	
	环境应急预案机制	
环保投资	环保技术开发	
	环保设备购入	
	环保设施建设情况	
环境污染物	污染排放浓度种类、数量、浓度、去向	
	污染排放达标情况	
	节能减排成效	
	废弃物处置、综合利用	
环保奖励或处罚	环保补助、资金奖励	
	环境诉讼	
得分	最高分	26

注：2017 年 12 月 30 日，国务院公布《中华人民共和国环境保护税法实施条例》，取代了《排污费征收使用管理条例》，但自 2018 年起两种条例处于同步施行，由于面板数据的时间为 2015—2019 年，因此笔者将排污费和环境税视为一项披露内容。

信息披露指数有两种赋权方式：一是平均权重法，即为每一条项目赋予相同的权重，总指数是各条目的直接汇总；二是对不同的条目赋予不同的权重，然后加总，权重不同则信息的重要程度不同。加权法虽然反映了信息的重要性程度，但信息的重要性程度是针对信息使用者而言的，主观性较强，因此本书采用直接汇总法。表 6－4 中的环境信息披露指数在赋值时采用的权重为平均权重，以避免主观价值判断产生的误差。

本书构造了物质流披露指数（*Tmar*）作为衡量物质流信息披露水平的变量。根据全物质投入产出平衡原理，企业的物质投入应该等于物质产出，然而，鲜有企业全面地从物质投入产出平衡角度披露物质流信息。物质流是指具有客观形态的、用于环境保护的企业物质投入和产出。本书根据现有的企业信息披露结果，从投入、产出两个方面构建了物质流信息披露指数。物质流信息披露指数的构建采用内容分析法，赋值标准同上述环境信息披露指数的赋值标准一致。指数的构成要素和赋值标准如表6-5所示。

表6-5 物质流信息披露指数构成要素和赋值标准

物质流信息披露指数名称	构成要素	赋值标准
物质流信息披露指数	能源投入	披露此项赋值1 未披露赋值0
	水资源投入	
	环保设施投入	
	原材料投入	
	碳排放	
	大气污染物	
	水污染物	
	固体废弃物	
	土壤污染物	
合计	最高分	9

随着强制性环境信息披露制度越来越受到资本市场的重视，会计理论界在实证研究中越来越多地引入环境管制这一解释变量，出现了多种量化环境管制强度的变量。本书认为，目前衡量环境管制强度的变量主要可以分为政府政策工具法和市场工具法。政府政策工具法是指用环境管制政策工具对污染的控制程度或效果表示环境管制程度的高低，市场工具法是指用排污费、治理支出等环境支出额的大小表示环境管制程度的高低。通过对文献的研究，本书将现有文献中提到的环境管制强度变量进行归类，如表6-6所示。

表6-6 环境管制强度变量归类

分类	变量定义	作者
政府政策工具法	地方颁布的环保标准或环保方面的规章数	李永友和沈坤荣[151]
	各省（区、市）污水排放达标量除以该省（区、市）污水排放总量，即污水排放达标率	江珂[152]
	中国污染源监管信息公开指数（PITI指数）	沈洪涛和冯杰[153]

续表

分类	变量定义	作者
市场工具法	“三废”排污费与“三废”排放量的比值	李永友和沈坤荣[151]
	单位污染物排污费、排污费在总工业成本中的占比、排污费在工业利润中的占比	李胜文、李新春和杨学儒[154]
	单位产值的污染治理设备运行费用	赵红[155]
	工业污染治理项目投资额	吴玉鸣[156]
	污染物去除量与排放量之比、环境污染治理投资总额、城市环境基础设施投资总额	刘志忠和陈果[157]
	减污运营成本占产业附加值的比重	Cole 和 Elliott[158]

本书使用中国污染源监管信息公开指数（PITI 指数）作为衡量企业所在地政府环境管制强度的指标。PITI 指数是由公众环境研究中心和自然资源保护协会共同开发的，用以对包含国家重点环境保护城市在内的 113 座城市的环境信息披露情况进行公开评价。PITI 指数的设立依据是《环境信息公开办法（试行）》，因此可以代表政府环境管制强度。PITI 指数包括 8 个指标，涵盖地方政府公布的企业超标违规、信访投诉及处理结果、环评受理、环保验收等方面，采用定量和定性相结合的方式，从及时性、完整性、系统性和用户友好性四个方面进行打分并排名。PTPI 指数既反映了企业所在地环境信息公开的程度，也体现了当地政府对环境信息披露的监管力度，因此可以作为衡量环境管制强度的变量。

行业差异是指某企业是否属于重污染行业，该变量为虚拟变量，属于重污染行业的赋值为“1”，不属于重污染行业的赋值为“0”。重污染行业的认定标准为原环境保护部发布的《上市公司环境信息披露指南》（征求意见稿）和《上市公司环保核查行业分类管理名录》（环办函〔2008〕373 号）。

近年来，理论界围绕公司规模、盈利能力、董事会规模、监事会规模、股权结构、高管薪酬、财务杠杆等内部特征，研究了环境会计信息披露水平的影响因素。其中，在公司规模与环境会计信息披露水平方面基本达成了一致的结论，即规模效应对环境信息披露水平的促进作用是确实存在的。然而，对其他因素的结论则存在较大的差异，企业的其他特征对环境信息披露的作用尚无一致结论。本书将上述屡经检验的可能影响环境信息披露的因素作为控制变量，以期提高模型的解释力度。

四、实证模型设置

为检验物质流信息披露水平对环境信息披露水平的影响，根据假设 1 建立多元回归模型，如式（6－1）所示。

$$EDI = \alpha_0 + \alpha_1 Tmar^2 + \alpha_2 Tmar + \alpha_3 \ln TA + \alpha_4 ROA + \alpha_5 Dsize + \alpha_6 Ssize + \alpha_7 Top1 + \alpha_8 Salary + \alpha_9 DFL + \alpha_{10} Pollution + \mu \quad (6-1)$$

其中，“$\alpha_0 \sim \alpha_{10}$”为系数，“$\mu$”为误差项。

为检验环境管制对企业物质流信息披露水平的影响，根据假设 2 建立多元回归模型，如式（6－2）所示。

$$Tmar = \beta_0 + \beta_1 EGP + \beta_2 \ln TA + \beta_3 ROA + \beta_4 Dsize + \beta_5 Ssize + \beta_6 Top1 + \beta_7 Salary + \beta_8 DFL + \beta_9 Pollution + \nu \quad (6-2)$$

其中，“$\beta_0 \sim \beta_9$”为系数，“ν”为误差项。

为检验环境管制对物质流信息披露水平影响的行业差异，本书在模型中加入行业和环境管制强度的交互项，以检验环境管制对物质流信息披露水平的影响是否在重污染行业比非重污染行业更显著，根据假设 3 建立多元回归模型，如式（6－3）所示。

$$Tmar = \theta_0 + \theta_1 EGP \times Pollution + \theta_2 EGP + \theta_3 Pollution + \theta_4 \ln TA + \theta_5 ROA + \theta_6 Dsize + \theta_7 Ssize + \theta_8 Top1 + \theta_9 Salary + \theta_{10} DFL + \varepsilon \quad (6-3)$$

其中，“$\theta_0 \sim \theta_{10}$”为系数，“$\varepsilon$”为误差项。

五、多元回归结果分析

首先，本书对 455 家样本公司进行了描述性统计，结果如表 6－7 所示。

表 6－7　变量描述性统计结果

变量名称	观测值	平均数	标准差	最小值	最大值	中位数
EDI	2 724	5.341	4.690	0	22	5
Tmar	2 724	0.993	1.673	0	8	0
EGP	2 724	19.300	3.223	1	36	19

续表

变量名称	观测值	平均数	标准差	最小值	最大值	中位数
IND	2 724	2.802	0.989	1	6	3
Pollution	2 724	0.314	0.464	0	1	0
ln*TA*	2 724	23.519	1.444	20.201	30.867	23.415
ROA	2 724	0.036	0.064	-1.125	0.323	0.031
DFL	2 724	0.515	0.312	0.031	13	0.523
Dsize	2 724	9.379	2.202	4	20	9
Ssize	2 724	4.108	1.501	1	15	3
Salary	2 724	15.778	0.744	12.820	18.945	15.714

环境信息披露指数的最大值为22，最小值为0，平均值为5.341，说明我国环境信息披露水平离最高水平还相距甚远，且仍有部分企业基本未披露环境信息。物质流信息披露指数的最大值为8，最小值为0，平均值为0.993，大体情况同环境信息披露指数一致，与最高水平仍有较大差距，且披露物质流信息的企业不到总样本的一半。

其次，本书对变量进行了相关性检验，结果如表6-8所示。物质流信息披露与环境信息披露指数在10%的水平上显著相关，说明物质流信息披露水平会影响环境信息披露水平。是否为重污染行业这一因素与物质流信息披露指数在10%的水平上显著相关，说明行业差异会影响物质流信息披露水平。此外，只要变量间的相关系数小于0.8或0.9，就不会对回归结果产生影响，表6-8中变量相关系数最大的为0.458，因此模型中不会产生多重共线性问题。

表6-8　变量相关性统计结果

变量	*EDI*	*Tmar*	*EGP*	*IND*	*Pollution*	ln*TA*	*ROA*	*DFL*	*Dsize*	*Ssize*	*Salary*
EDI	1.000										
Tmar	0.091*	1.000									
EGP	-0.036	0.037	1.000								
IND	-0.005	-0.027	0.038*	1.000							
Pollution	0.401*	0.188*	0.003	0.002	1.000						

续表

变量	EDI	Tmar	EGP	IND	Pollution	lnTA	ROA	DFL	Dsize	Ssize	Salary
lnTA	-0.066*	0.116*	0.126*	0.198*	-0.055*	1.000					
ROA	-0.048*	-0.079*	-0.036	-0.068*	-0.045*	-0.004	1.000				
DFL	-0.009	0.046*	0.112*	0.151*	-0.009	0.337*	-0.260*	1.000			
Dsize	0.015	0.056*	0.034	-0.037	0.059*	0.197*	0.001	0.035	1.000		
Ssize	0.016	0.120*	-0.007	-0.001	0.072*	0.225*	-0.060*	0.089*	0.447*	1.000	
Salary	0.021	0.008	0.097*	0.104*	0.001	0.458*	0.162*	0.138*	0.120*	0.042*	1.000

注："***"表示 $p<0.01$，"**"表示 $p<0.05$，"*"表示 $p<0.1$。

最后，本书对样本公司进行了多元线性回归分析，结果如表 6-9 所示。

表 6-9　　多元线性回归结果

变量	模型 1	变量	模型 2	变量	模型 3
	EDI		Tmar		Tmar
Tmar2	-0.032** (-3.24)	EGP	0.002*** (6.90)	EGP × Pollution	-0.018** (-3.85)
Tmar	0.067* (2.50)			EGP	0.003*** (6.62)
IND	-0.751 (-0.34)	IND	-0.104 (-2.10)	Pollution	0.001*** (7.88)
Pollution	0.007*** (5.19)	Pollution	0.000*** (80.95)	IND	-0.093* (-2.20)
lnTA	-0.004*** (-6.15)	lnTA	0.000*** (10.74)	lnTA	0.000*** (12.24)
ROA	-0.005*** (-5.70)	ROA	-0.166 (-1.69)	ROA	-0.151 (-1.77)
DFL	-0.924 (-0.10)	DFL	-0.117 (-2.00)	DFL	-0.074* (-2.41)
Dsize	0.880 (0.16)	Dsize	-0.338 (-1.09)	Dsize	-0.320 (-1.13)

续表

变量	模型 1	变量	模型 2	变量	模型 3
	EDI		*Tmar*		*Tmar*
Ssize	0.248 (1.35)	*Ssize*	0.000 ***	*Ssize*	0.000 *** (13.71)
Salary	0.092 * (2.20)	*Salary*	-0.025 ** (-3.49)	*Salary*	-0.017 ** (-3.93)
_cons	0.238 (1.39)	_cons	-0.025 ** (-4.50)	_cons	-0.004 *** (-5.81)
N	2679	*N*	2679	*N*	2679
adj. R^2	0.175	adj. R^2	0.061	adj. R^2	0.062

注："***"表示 $p<0.01$，"**"表示 $p<0.05$，"*"表示 $p<0.1$。

在模型 1 中，物质流信息披露指数的二次项与环境信息披露水平的关系在 5% 的水平上显著为负，说明物质流信息披露水平与环境信息披露水平之间存在显著的"门槛效应"，呈现倒"U"形动态变化特征，即物质流披露程度对环境信息披露水平存在非线性影响。因此，按照目前的披露框架与形式，物质流信息披露程度并非越高越好，而是存在一个最优的信息披露数量或最优的信息披露区间。过多的物质流信息会导致信息冗余，虽然"货真价实"的环境信息可以提高报告的真实性和可靠性，但是对于普通利益相关者而言，亲自验证这些物质流信息的代价是高昂的，关于这类信息的第三方鉴证报告可能间接有用。

模型 2 验证了环境管制这一因素对物质流信息披露水平的影响，结果表明，二者在 1% 的水平上显著正相关，这说明环境管制强度越大，物质流信息披露程度越高。物质流信息是一种合规性信息，对环境管制主体的有用性大于对普通利益相关者的有用性。

模型 3 的回归结果证实了环境管制强度不仅影响企业的物质流信息披露，而且该影响还依赖于行业。在重污染行业中，环境管制对物质流信息披露程度的正向作用被抑制，也就是说，在环境管制下，非重污染行业企业披露的物质流信息反而更多。这可能是由于信息披露机制的规范使重污染行业企业披露的环境信息降低了"选择性"，提高了"针对性"，物质流信息更多地流向环境管制主体以获得环境合规认可，而不是直接对外公开。对于非重污染行业，该类行业中的企业本身不涉及环境污染行为，因此披露过多的环境信息会加重信息冗余。

六、稳健性检验

前文中对被解释变量环境信息披露指数的研究采用了内容分析法，在具体赋值的时候带有较大的主观判定痕迹。因此，本书在稳健性检验中，对环境信息披露指数的所有构成要素采用平均赋值的方法，只要披露了构成要素所列示的内容，就赋值为1，以披露项目的合计数作为最终得分。

对物质流信息披露分行业统计的结果显示，重污染行业的物质流信息披露数量从2016年起明显降低。这是因为，我国上市公司的环境信息披露政策从2016年起开始收紧，强制性环境信息披露政策或许减少了重污染行业上市公司环境信息披露的随意性。因此，本书将物质流信息披露的研究区间设为2016—2019年。此外，考虑到内生性的问题，本书将EDI指数分为高、中、低三组分别进行回归，经过倾向性得分匹配后，结果仍然成立。

本书在选取环境管制强度的衡量变量时，采用的是PITI指数，该指数是依据《环境信息公开办法（试行）》这一政策文件构建的。以企业所在地生态环境厅2015—2019年发布的环境法规与标准数量作为环境管制强度的代理变量，数据来源于生态环境部官网以及地方生态环境厅官网。

将上述变量重新带入模型，稳健性检验的结果与原有假设检验的结果保持了一致，说明本书的检验结果具有良好的稳健性。

七、结论与启示

通过上述实证分析，本书得出如下结论。第一，在公开披露模式下，物质流信息披露数量达到临界点以后会降低环境信息披露水平，说明面向社会公众的物质流信息并非越多越好。第二，环境管制强度对物质流信息披露水平的提高有促进作用，说明物质流信息是一种面向政府环境管制部门的信息。第三，环境管制对物质流信息披露水平的影响存在行业差异，环境管制强度越高，重污染行业对外公开披露的物质流信息越少，非重污染行业对外公开披露的物质流信息越多。为了避免“货真价实”的信息成为企业“哗众取宠”的工具，应该规范物质流信息披露的路径与形式。

基于上述结论，本书将环境会计信息分为面向政府环境管制部门的信息和面向社会公众的信息。其中，向政府环境管制部门披露的主要是实物维度环境会计信息。

第二节 基于投入产出的环境信息披露模式设计

目前，我国的环境会计信息主要是依托年报、可持续发展报告和社会责任报告进行披露。这种简单的公开披露模式未充分考虑普通社会公众和政府环境管制部门在环境信息甄别能力上的差异，导致所披露的环境信息无法满足环境管制主体对企业的评价需求。环境信息披露的模式作为环境信息内容的载体，对利益相关者的重要性不言而喻。因此，本书基于环境管制的视角，根据不同的监管对象，设计相应的环境信息披露模式。

我国的环境管制从时间上看可以分为准入管控、运行期管控和退出管控。本书基于不同的管控时点，针对各管控时点上的监管对象，设计环境信息披露的模式，以适应环境管制的全生命周期需要。根据不同的监管对象，构建准入模式、运行控制模式与管制退出模式相结合的信息披露体系。针对准入环节、运行环节与退出环节的特性，分别研究信息披露的具体内容与信息披露强度，设计常规管制信息专递（管制包）与综合信息定期公开披露相结合的信息披露模式。环境信息披露模式如表 6－10 所示。

表 6－10 环境信息披露模式

信息披露模式	适应范围	披露时点	披露方式	用途
准入模式	新创立企业新增业务	创立前 新增业务前 （一次性）	向管制部门专供	管制部门环保鉴定和公众监督
			向社会公开披露	

续表

信息披露模式	适应范围	披露时点	披露方式	用途
运行管制模式	现已投入运营的企业	每月常规专供（管制包）	向管制部门专供	管制部门监管
		年底综合对外披露	向社会公开披露	管制部门监管和公众监督
管制退出模式	重污染行业企业	每月常规专供（管制包）	向管制部门专供	管制部门监管
		按季、年公开披露	向社会公开披露	管制部门监管和公众监督

表6－10列示了三种环境信息披露模式，三种模式的信息披露方式均有向管制部门专供和向社会公开披露两种。向管制部门专供是指环境信息直接报送于政府环境管制部门，再由其对外披露。向管制部门专供的意义在于保障信息的真实性，相关信息应该能为环境管制主体的环保核查提供依据，因此，必须保证信息的充分性，不能遗漏关键信息。

对外公开披露是指企业直接将环境信息通过公开报告或网站的形式向全社会公开披露，此类信息的意义在于证明企业活动没有对公众的环境权益造成侵害，因此，主要披露的是与公众的环境利益相关的信息。与向管制部门专供相反，对外公开披露的信息不必事无巨细、面面俱到，而应该考虑信息受众的理解能力和筛选成本。特别的，对于部分专业性较强的环境信息，企业应该兼顾重要性原则和可理解性原则，在披露受众最关心的信息的同时，辅之以相关鉴证报告，降低信息受众的甄别成本。基于以上原则，本书设计了环境会计信息披露的准入模式、运行管控模式和管制退出模式。

第三节 基于投入产出的环境信息披露内容设计

本节根据信息披露对象，将信息披露内容分为面向政府环境管制部门的管制包专递内容和面向社会公众的对外公开披露内容，并设计了相应的报表体系，以规范信息披露的形式。

一、准入模式与投入产出环境信息披露内容设计

随着我国环境管制从注重“末端治理”到“源头预防—过程管控—末端治理”全过程管控的转变，环境准入作为源头预防的重要举措越来越受到政府和理论界的关注。[159]2013年，我国正式发布了《关于加强国家重点生态功能区环境保护和管理的意见》，明确规定了产业项目进行前应设立严格的环境准入门槛。2018年，生态环境部印发《“生态保护红线、环境质量底线、资源利用上线和环境准入负面清单”编制技术指南（试行）》，指出了环境负面清单编制的要点。在各类政策的指导下，各地方政府相继出台环境准入的产业名录和标准限制。可以看出，环境准入是一种约束机制，是以满足国家和地方环境管制要求为前提、以区域环境承载力为约束，对企业新开发建设项目进行的环境管控。设计企业环境信息披露准入模式的意义在于，向政府环境管制部门以及区域环境利益相关者提供环保保证，加强环境污染源头的预防管控效力。

在准入模式下，环境信息披露的主体是新创立的企业和现有企业的新增业务，披露的对象是政府环境管制部门以及全体社会成员，披露时点是在企业准许创立前或业务准许新增前。准入模式披露的环境信息只需在新创立或业务新增前一次性提供，主要用于政府环境管制部门的环保鉴定和社会公众的监督。

1. 准入模式管制包专递内容

准入模式下，业务还未真正开始，因此各类环境要素的具体数量关系仍待核验，但是企业应对拟投入、消耗并产出的要素进行预估，并向政府环境管制部门披露主要投入产出物质的种类及其对环境的影响，后者以补充内容的形式单独呈现。

环境要素预计投入产出表是企业在新业务开始前或进入市场前，对第一个环境管制周期的实物维度要素进行的数量预算，有利于政府环境管制部门对负产出总量的后续管控，企业所需披露的内容如表6-11和表6-12所示。

表 6－11　　预计消耗要素实物盘存数量

项目		期初存量	当期购入量	期末存量	当期消耗量
生产性流量消耗	消耗要素 1				
	消耗要素 2				
	……				
	消耗要素 n				
环境流量消耗	消耗要素 1				
	消耗要素 2				
	……				
	消耗要素 n				

表 6－12　　实物维度要素预计数量　　单位：吨

项目			数量
消耗要素	流量消耗	消耗要素 1	
		消耗要素 2	
		……	
		消耗要素 n	
消耗要素总量			

项目			数量
产品要素	产品要素 1		
	产品要素 2		
	……		
	产品要素 n		
正产出要素	正产出要素 1		
	正产出要素 2		
	……		
	正产出要素 n		
负产出要素	负产出要素 1	治理量	
		排放量	
		逃逸量	
	负产出要素 2	治理量	
		排放量	
		逃逸量	
	……		
	负产出要素 n	治理量	
		排放量	
		逃逸量	
产出要素总量			

除此之外，企业需要对环境管制部门重点管控的形成污染物的主要元素的来龙去脉进行披露，本书以硫元素为例，预计投入产出平衡表如表 6－13 所示。

表 6－13　　　　硫元素预计投入产出平衡表

实物维度要素	物质名称	消耗/产出量（吨）	硫元素质量（吨）
消耗要素			
总计			
正产出要素			
负产出要素			
硫元素耗散	—	—	
硫元素逃逸	—	—	
总计			
附计算说明：消耗物质含硫百分比、投入产出物质分子质量、耗散比率设定依据。			

准入模式下，企业还需要披露与环境准入相关的补充内容，补充内容以定性信息为主，如表 6－14 所示。

表 6－14　　　　准入模式环境信息补充内容

环境信息分类	内容
准入类别	①在《产业结构调整指导目录》类别内属于鼓励类、限制类、淘汰类还是允许类
	②在《政府核准的投资项目目录》类别内属于国家核准、市级核准、区级核准还是不适用
环境管理信息	①行业、产业及项目类型名称
	②拟进入区域
	③拟进入区域的资源环境限制因素
	④对环境有重要影响的工艺、技术
	⑤所遵循的环境标准
	⑥环境污染处理设施的规划
	⑦环境风险应急预案
	⑧其他环境准入限制因素

续表

环境信息分类	内容
环境要素信息	①投入要素的种类、主要成分
	②消耗类中心的划分依据
	③产出要素的种类、主要成分
	④负产出对环境的主要影响

《产业结构调整指导目录》（以下简称《目录》）最早由国家发展和改革委员会于2005年颁布，目前最新版本为2019年发布的版本，共涉及20多个行业，其中鼓励类539条、限制类190条、淘汰类399条。新创立企业或企业新增业务前，需要披露当期所属的《目录》类别，如果不属于《目录》中所列的类别，则列示为允许类。

《政府核准的投资项目目录》（国发〔2016〕72号，以下简称“72号文”）是针对企业的固定资产投资项目而设立的目录。72号文对能源、机械制造等十二大类项目的固定资产投入作出了限制。各地政府秉承72号文的精神，相继出台了地市、区级目录。新创立企业或企业新增业务前，需要披露当期所属的72号文中的类别。

2. 准入模式公开信息披露内容

准入模式下向社会公众披露的信息应该尽可能简洁，主要目的是让公众知晓新项目的性质以及可能对公共环境有直接影响的负面环境影响。在准入模式下，企业向社会公众披露的环境信息如表6－15所示。

表6－15　准入模式环境公开信息披露内容

类别	内容
定性描述	①行业、产业及项目类型名称
	②是否获取相关部门的环境准入批复或其他相关环境准入机构的许可
定量描述	①企业或业务规模
	②所采用的生产工艺
	③拟采用的环境治理措施和相关工程
	④预计负产出的种类、数量
	⑤预计正产出的种类、数量

表 6－15 中的大部分定性描述内容是政府环境管制部门需要核查的内容，社会公众只需要知晓新项目是否获得环境部门批复即可，从而减少了信息冗余。

二、运行管控模式与投入产出环境信息披露内容设计

生态环境部于 2019 年发布《生态环境监测规划纲要（2020—2035 年）》（以下简称《纲要》），提出要建立全要素、全指标、全过程的生态环境监测体系。《纲要》的发布，意味着我国日益重视生态环境治理的过程管控，我国污染企业以往轻过程、重结果的环境信息披露模式也将随之改变。运行管控是指对企业存续期内的环境行为进行管控，对每一个生产环节的环境污染要素进行管控的一种约束机制。设计企业环境信息披露运行管控模式的意义在于规范企业全生命周期过程的环境行为，倒逼企业实现清洁生产。

1. 运行管控模式管制包内容

在运行管控模式下，环境信息披露的主体是已投入运营的企业，企业需要在每个管制期末向政府环境管制部门提供管制包。运行管控模式下管制包所包含的主要内容如表 6－16 和表 6－17 所示。

表 6－16　　消耗要素实物盘存数量

项目		期初存量	当期购入量	期末存量	当期消耗量
生产性流量消耗	消耗要素 1				
	消耗要素 2				
	……				
	消耗要素 n				
环境流量消耗	消耗要素 1				
	消耗要素 2				
	……				
	消耗要素 n				

表 6-17　　实物维度要素数量　　单位：吨

<table>
<tr><th colspan="3">项目</th><th>数量</th><th colspan="3">项目</th><th>数量</th></tr>
<tr><td rowspan="18">消耗要素</td><td rowspan="9">生产性流量消耗</td><td>消耗要素 1</td><td></td><td rowspan="4">产品要素</td><td>产品要素 1</td><td></td><td></td></tr>
<tr><td>消耗要素 2</td><td></td><td>产品要素 2</td><td></td><td></td></tr>
<tr><td rowspan="6">……</td><td rowspan="6"></td><td>……</td><td></td><td></td></tr>
<tr><td>产品要素 n</td><td></td><td></td></tr>
<tr><td rowspan="4">正产出要素</td><td>正产出要素 1</td><td></td><td></td></tr>
<tr><td>正产出要素 2</td><td></td><td></td></tr>
<tr><td>……</td><td></td><td></td></tr>
<tr><td>正产出要素 n</td><td></td><td></td></tr>
<tr><td>消耗要素 n</td><td></td><td rowspan="10">负产出要素</td><td rowspan="3">负产出要素 1</td><td>治理量</td><td></td></tr>
<tr><td rowspan="9">环境流量消耗</td><td>消耗要素 1</td><td></td><td>排放量</td><td></td></tr>
<tr><td>消耗要素 2</td><td></td><td>逃逸量</td><td></td></tr>
<tr><td rowspan="6">……</td><td rowspan="6"></td><td rowspan="3">负产出要素 2</td><td>治理量</td><td></td></tr>
<tr><td>排放量</td><td></td></tr>
<tr><td>逃逸量</td><td></td></tr>
<tr><td>……</td><td></td><td></td></tr>
<tr><td rowspan="3">负产出要素 n</td><td>治理量</td><td></td></tr>
<tr><td>排放量</td><td></td></tr>
<tr><td>消耗要素 n</td><td></td><td>逃逸量</td><td></td></tr>
<tr><td colspan="3">消耗要素总量</td><td></td><td colspan="3">产出要素总量</td><td></td></tr>
</table>

除此之外，企业需要在每个管制期末披露污染物元素投入产出平衡表，本研究以硫元素为例，如表 6-18 所示。

表 6-18　　硫元素投入产出平衡表

实物维度要素	物质名称	消耗/产出量（吨）	硫元素质量（吨）
消耗要素			
总计			
正产出要素			
负产出要素			

续表

实物维度要素	物质名称	消耗/产出量（吨）	硫元素质量（吨）
硫元素耗散	—	—	
硫元素逃逸	—	—	
总计			
附计算说明：消耗物质含硫百分比、投入产出物质分子质量、耗散比率设定依据。			

针对评价类要素，企业需向政府环境管制部门披露消耗要素的环境效益值计算过程及结果，如表6-19所示。消耗要素的环境效益值是消耗能值和产出能值的净额。企业需要披露消耗要素的消耗量及其能值、产出要素的能值，以及最终环境效益值的计算结果。企业还需要披露根据环境效益值所得出的环境增益（减益）要素的判定结果。

表6-19　　消耗要素环境效益值计算

消耗要素名称	消耗量（吨）	消耗要素能值（sej）	产出要素名称	产出要素能值（sej）	环境效益值（sej）	环境增益（减益）要素判定结果
要素1			产出1			☑环境增益要素 □环境减益要素
			……			
			产出 n			
要素2			产出1			□环境增益要素 ☑环境减益要素
			……			
			产出 n			
……			……			……
要素 n			产出1			☑环境增益要素 □环境减益要素
			……			
			产出 n			

此外，企业需要向政府环境管制部门披露其作为环境综合要素的环境综合值计算依据及结果，并披露根据环境综合值的计算结果，企业在可持续发展方面的影响。环境综合值及其相关判定如表6-20所示。

表 6－20　　　　　　　　　环境综合值及其判定

产出类别		产出数量（吨）	产出能值（sej）	环境综合值（sej）	环境可持续水平影响判定
产品	产品 1				☑有利 ☐不利
	产品 2				
	……				
	产品 *n*				
正产出	正产出 1				
	正产出 2				
	……				
	正产出 *n*				
负产出	负产出 1				
	负产出 2				
	……				
	负产出 *n*				

2. 运行管控模式环境信息公开披露内容

运行管控下的公开信息披露原则是对价值量信息进行充分披露，对实物量信息进行简化披露，对其他相关信息进行补充披露。

对外公开的信息内容，受众主要是社会公众，社会公众一方面需要了解价值维度的信息用以经济决策，另一方面需要了解实物维度的信息以判断企业环境污染对环境质量的影响。对外公开披露的价值量信息包括两张表：负产出价值金额表和环境权益变动表（见表 6－21 和表 6－22）。表 6－21 反映了企业的环境治理耗费及污染物外部性损益，表 6－22 反映了企业环境权益的变动情况。

表 6－21　　　　　　　　　负产出价值金额

负产出要素具体项目	流量消耗分配率（万元/吨）	存量消耗分配率（万元/吨）	环境价值分配率（万元/吨）	实际治理支出（万元）	虚拟治理支出（万元）
大气污染物					
其中：CO_2					
NO_x					

续表

负产出要素具体项目	流量消耗分配率（万元/吨）	存量消耗分配率（万元/吨）	环境价值分配率（万元/吨）	实际治理支出（万元）	虚拟治理支出（万元）
SO_2					
……					
水污染物					
其中：重金属污染物					
……					
固体废弃物					
其中：工业固废					
……					
其他污染物					
总计	—	—	—		

表 6-22 环境权益变动

项目	期初投入	本期增加（减少）	期末余额
生产性权益			
环境权益			

针对评价类要素，考虑社会公众知识水平的差异，信息披露应尽可能简洁易懂。因此，企业只需披露环境增益（减益）要素的具体要素内容以及环境可持续水平的判定结果，如表 6-23 所示。

表 6-23 评价类要素的判定

评价要素分类	消耗要素名称	环境可持续水平判定结果
环境增益要素	消耗要素 1	☑有利 ☐不利
	消耗要素 2	
	……	
	消耗要素 n	
环境减益要素	消耗要素 1	
	消耗要素 2	
	……	
	消耗要素 n	

此外，为了保障环境信息的全面性和重要性，企业还应披露与环境相关的补充信息。补充信息主要包括与环境相关的定性信息和非常规事项，以向社会公众提供决策相关的其他信息。定性信息包括企业的内部环境管理情况，以及为满足监管要求所付出的代价；非常规事项包括环境风险及预案，以及管制包传递的及时性等信息。上述信息应以补充信息的形式予以披露，如表 6 – 24 所示。

表 6 – 24　　环境信息补充披露内容

类别	内容
定性信息	①企业周边环境敏感区及环境功能区
	②企业发展历程
	③对环境敏感区的影响情况
	④现有主要工程及生产工艺
	⑤主要排污环节及污染防治措施
	⑥环保设施及环境监测设施运行情况
	⑦清洁生产实施情况
	⑧重金属污染防治情况
	⑨危险化学品污染防治
	⑩危险废物及一般工业固体废物处理处置情况
	⑪生态保护措施执行情况
	⑫企业环境应急预案
	⑬环境虚拟治理支出计算所采用的环境评估方法
	⑭环保税、排污费的缴纳情况
非常规环境事项	①重大环境风险
	②企业环境管理、环境纠纷及违法处罚情况
	③是否向政府环境管制部门提交管制包以及核查结果

三、管制退出模式与投入产出环境信息披露内容设计

2020 年，国务院发布了《国务院关于进一步提高上市公司质量的意见》。意见明确提出，要以信息需求为导向，增强信息披露的针对性和有效性；同时提出要严格退市监管，严厉打击恶意规避退市行为。对环境污染有重要影响的

重污染企业，尤其应该纳入退市监管之下。

在管制退出模式下，环境信息披露的主体是重污染行业企业。管制退出模式的环境信息披露是为了防止重污染行业企业以牺牲环境为代价，换取资本市场上的“明哲保身”。因此，相较于运行管控模式下的企业，采用管制退出模式的企业的环境信息披露强度应该更进一步。在向政府环境管制部门提供信息时，信息的报送仍然以管制包的形式、以月度为频率进行专递。

管制退出模式披露的环境会计信息内容与运行管控模式基本一致，不同之处在于：第一，管制退出模式下的对外公开信息披露内容还应在决定退出当年于环境信息补充披露内容表中加入预期何时退出，以及退出后对环境的影响和补救措施等相关内容；第二，在披露频次上，由于受企业环境退出影响最直接的是社会公众，为了提高此类重污染企业的环境退出壁垒，管制退出模式下的公开信息披露的强度增加，要求按季度和年度披露，加大了信息供给的频次。

第四节　基于运行管控模式的燃煤电厂环境信息披露案例应用

本节案例承接第五章中的研究对象，对运行管控模式下C电厂的环境会计信息披露内容进行应用。为了简要说明本书所设计信息披露模式的可行性，仅对数量信息进行披露。

一、运行管控模式下C电厂管制包专递内容

C电厂运行管控模式下的管制包专递内容如表6－25至表6－29所示。

表6－25用于对消耗要素的实物盘存情况进行描述。

表6－25　C电厂消耗要素实物盘存数量　　单位：吨

项目		期初存量	当期购入量	期末存量	当期消耗量
生产性流量消耗	煤	23 524.00	4 573 464.00	676 229.04	3 920 758.96
	柴油	0.00	225.00	0.00	225.00

续表

项目		期初存量	当期购入量	期末存量	当期消耗量
环境流量消耗	石灰石	1 748.00	63 784.00	2 373.47	63 158.53
	脱硫淡水	0.00	1 778 482.00	0.00	1 778 482.00
	液氨	0.00	1 686.42	0.00	1 686.42
	脱硫废水	0.00	77 227.50	0.00	77 227.50
	其他工业废水	0.00	94 090.50	0.00	94 090.50
	粉煤灰	0.00	617 603.00	0.00	617 603.00
	炉渣	0.00	125 644.00	0.00	125 644.00
	脱硫废渣	0.00	101 936.09	0.00	101 936.09
总计		—	—	—	6 780 812.00

表 6 - 26 用于描述实物维度环境会计要素的总体投入产出情况。

表 6 - 26　实物维度要素数量　单位：吨

项目			数量	项目			数量
消耗要素	生产性流量消耗	煤	3 920 758.96	产品要素	电能*		3 949 654.11
		柴油	225.00	正产出要素	石膏		113 843.00
		石灰石	63 158.53	负产出要素	烟尘	治理量	587 032.41
		脱硫淡水	1 778 482.00			排放量	81.80
		液氨	1 686.42			逃逸量	25 879.34
	环境流量消耗	脱硫废水	77 227.50		二氧化硫	治理量	28 827.21
		其他工业废水	94 090.50			排放量	760.73
		粉煤灰	617 603.00			逃逸量	240 674.67
		炉渣	125 644.00		氮氧化物	治理量	4 680.92
		脱硫废渣	101 936.09			排放量	1 412.33
						逃逸量	446 823.53
					二氧化碳	逃逸量	446 823.53
						排放量	967.31
						逃逸量	446 823.53
					脱硫废水		77 227.50
					其他工业废水		94 090.50
					粉煤灰		617 603.00
					炉渣		125 644.00
					脱硫废渣		101 936.09
					物质耗散		57 643.11
消耗要素总量			6 780 812.00	产出要素总量			6 780 812.00

表 6－27 用于描述重点管控元素的投入产出情况，主要反映未消纳的逃逸硫元素的数量。

表 6－27　　　　硫元素投入产出平衡表

实物维度要素	物质内容	消耗/产出量（吨）	硫元素质量（吨）
消耗要素	煤炭	3 920 758.96	32 542.30
总计			32 542.30
正产出要素	脱硫石膏	113 843.00	23 655.69
负产出要素	二氧化硫	760.73	380.37
硫元素耗散	—	—	850.62
硫元素逃逸	—	—	7 655.62
总计			32 542.30

注：硫元素（S）的分子质量是 32，脱硫石膏（$2CaSO_4 \cdot 2H_2O$）的分子质量是 208，二氧化硫（SO_2）的分子质量是 64；该批次煤炭的硫分为 0.83%；本书假设物质耗散比率为 1%。

表 6－28 反映了消耗要素的判定性质。

表 6－28　　　　消耗要素环境效益值计算

消耗要素名称	消耗量（吨）	消耗要素能值（sej）	产出要素名称	产出量（吨）	产出要素能值（sej）	环境效益值（sej）	环境增益（减益）要素判定结果
煤炭	3 920 758.96	3.25×10^{21}	电能	3 949 654.11	7.61×10^{21}	-4.67×10^{22}	□环境增益要素 ☑环境减益要素
			烟尘	25961.14	5.05×10^{22}		
			氮氧化物	448 235.86	5.24×10^{20}		
			二氧化硫	241 435.40	2.54×10^{21}		
			二氧化碳	306 997.75	8.32×10^{19}		
			粉煤灰	617 603.00	5.13×10^{20}		
			炉渣	125 644.00	1.04×10^{20}		
			脱硫废渣	101 936.09	8.46×10^{19}		
石灰石	63 158.53	6.32×10^{25}	石膏	113 843.00	1.14×10^{20}	-6.32×10^{25}	□环境增益要素 ☑环境减益要素
			二氧化硫治理量	28 827.21	2.39×10^{19}		
液氨	1 686.42	1.69×10^{24}	氮氧化物治理量	4 680.92	4.02×10^{20}	-1.69×10^{24}	□环境增益要素 ☑环境减益要素
脱硫废水	77 227.50	1.18×10^{24}	烟尘治理量	587 032.41	5.05×10^{22}	-1.13×10^{24}	□环境增益要素 ☑环境减益要素

表6－29反映了电厂整体的可持续发展性质。

表6－29　　环境综合值及其判定

产出类别		产出数量（吨）	产出能值（sej）	环境综合值（sej）	环境可持续水平影响判定
产品	电能	3 949 654.11	7.61×10^{21}	-1.01×10^{23}	□有利 ☑不利
正产出	石膏	113 843.00	1.14×10^{20}		
负产出	烟尘	25 961.14	5.05×10^{22}		
	二氧化硫	241 435.40	2.54×10^{21}		
	氮氧化物	448 235.86	5.24×10^{20}		
	脱硫废水	77 227.50	6.64×10^{16}		
	其他工业废水	94 090.50	8.09×10^{16}		
	二氧化碳	306 997.75	8.32×10^{19}		
	粉煤灰	617 603.00	5.13×10^{20}		
	炉渣	125 644.00	1.04×10^{20}		
	脱硫废渣	101 936.09	8.46×10^{19}		

二、运行管控模式下C电厂对外公开环境信息内容

C电厂运行管控模式下的对外公开环境信息内容如表6－30至表6－32所示。

表6－30反映了负产出的价值构成。

表6－30　　负产出价值金额

负产出	达标排放量（吨）	流量消耗分配率（万元/吨）	存量消耗分配率（万元/吨）	实际治理支出（万元）	对外排放量（吨）	环境价值分配率（万元/吨）	虚拟治理支出（万元/吨）
烟尘	123 224	0.08	0.01	51 831	25 961	2.750 0	71 393
二氧化硫	664 730	0.08	0.09	783	241 435	2.750 0	663 947
氮氧化物	1 250 813	0.30	0.33	18 164	448 236	2.750 0	1 232 649
二氧化碳	737	—	—	—	306 998	0.002 4	737
脱硫废水	9 437	0.08	0.04	9 437	—	—	—

续表

负产出	达标排放量（吨）	流量消耗分配率（万元/吨）	存量消耗分配率（万元/吨）	实际治理支出（万元）	对外排放量（吨）	环境价值分配率（万元/吨）	虚拟治理支出（万元/吨）
其他工业废水	10 809	0.08	0.03	10 809	—	—	—
粉煤灰	56 548	0.08	0.01	56 548	—	—	—
炉渣	16 544	0.08	0.05	16 544	—	—	—
脱硫废渣	14 616	0.08	0.06	14 616	—	—	—

表6-31反映了生产性权益和环境权益的变动情况。

表6-31　　环境权益变动

项目	期初投入	本期增加（减少）	期末余额
生产性权益	0	1 010 262.58	1 010 262.58
环境权益	0	181 185.97	181 185.97

注：由于上期财务数据缺失，故而此处假设为0。

表6-32反映了消耗要素的可持续发展性质判定结果。

表6-32　　评价类要素的判定

评价要素分类	消耗要素名称	环境可持续水平判定结果
环境增益要素	—	□有利 ☑不利
环境减益要素	煤炭	
	石灰石	
	液氨	
	脱硫废水	

第五节　小　　结

本章的主要目的是，针对环境会计信息披露模式、内容与环境管制信息需求不适应的问题，设计适用于环境管制的环境会计信息披露模式与内容，主要包括以下内容。

第 ·，本章对环境管制强度和物质流信息披露之间的关系进行了实证研究，研究发现，实物维度信息应主要面向政府环境管制部门，实物维度信息的过多公开披露会降低信息的有用性。

第二，本章根据环境管控时点和管控对象，设计由准入模式、运行管控模式和管制退出模式构成的环境会计信息披露模式。

第三，本章根据信息披露对象，基于投入产出要素计量内容，分别设计准入模式、运行管控模式和管制退出模式下的环境会计信息披露内容，将信息披露内容分为向政府环境管制部门进行管制包专递的内容和向社会公众公开披露的内容，从而提高了环境信息披露的针对性。

第四，承接第五章的案例，对燃煤电厂运行管控模式下的信息披露模式与内容进行应用。

第七章　基于投入产出的环境评价政策建议

本章的主要目的是根据投入产出环境信息披露内容，针对环境管制主体利用相关信息对企业进行环境评价提出建议。根据环境管制主体在准入环节、运行管控环节和退出环节对企业环境评价的侧重点不同，分别设计各环节的环境评价思路，并构建适用于不同评价环节的评价指标。

第一节　基于投入产出的环境准入评价政策建议

环境准入评价是指政府环境管制部门对企业是否具备环境准入资格进行评价，评价对象是新企业、新业务。环境准入评价主要针对两方面内容：一方面从宏观物质层面评价企业的物质投入产出关系，评价原则是牺牲较少的环境资源，产生较少的负产出排放；另一方面从微观元素层面对重点管控的污染物形成元素进行评价，评价原则是元素逃逸量较少，元素治理路径尽可能明晰。

一、环境准入评价思路

政府环境管制部门需要对相关评价指标设置评价标准，任何一项不达标则不予准入。在达标的基础上，政府环境管制部门对指标进行综合运算，根据运算结果对企业进行排名，得分高者获得优先准入资格。环境准入评价设计思路如图 7－1 所示。

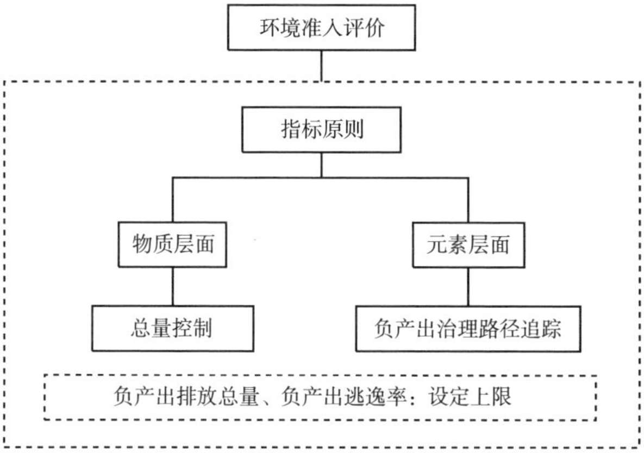

图 7－1　环境准入评价设计思路

二、环境准入评价指标体系

根据环境准入评价设计思路，本书设计了相应的环境评价指标。

环境准入评价指标由负产出预计排放总量和预计负产出逃逸率组成，分别用于对负产出从源头上进行总量控制和治理路径追踪。负产出预计排放量是指预计达标排放量，即经治理后允许排放的量。预计负产出逃逸率如式（7－1）所示。

$$L_i = \frac{l_i}{Q_i} \times 100\% \quad (i = 1,\ 2,\ \cdots,\ n) \tag{7-1}$$

其中，“l_i”表示第 i 类负产出的逃逸量，“Q_i”表示第 i 类负产出的总产生量。负产出逃逸率代表逃逸的负产出占总负产出的比例，该比例越大，则企业负产出捕捉能力越差，对环境造成的潜在影响越大。

此处的负产出既包括物质层面的负产出，如各类污染物；也包括形成污染物的重点管控元素，如硫元素。

第二节　基于投入产出的运行管控评价政策建议

运行管控评价是指环境管制主体对企业生产期间的环境行为进行评价，评价对象是现有企业和现有业务。运行管控评价包括两方面：一方面根据环境制度和相关标准判断当前企业环境行为是否合规；另一方面从多种维度判断企业的未来可持续发展水平。

一、运行管控评价设计思路

针对企业环境合规度问题，目前环境管制主体对其评价的原则为：负产出总量达标、浓度达标。总量控制和浓度控制多依赖于末端检测，其核验依据有待完善。本书认为，环境管制主体应在总量控制和浓度控制的基础上增加消纳路径控制相关标准。在总量减少和浓度降低的基础上，应该重点核验企业剩余负产出的消纳数量，如果消纳路径不明，则不能认定为完全治理。因此，本书提出，环境管制主体对企业环境合规度进行评价时，在制定总量标准和浓度标准的基础上，应通过物质守恒关系核验重点管控元素的逃逸率，并为其设定标准，以负产出总量控制、浓度控制、消纳控制作为负产出管控的基本原则。

针对企业可持续发展水平的判定问题，本研究认为应该从实物维度、价值维度和综合维度判断企业的环境可持续发展水平。具体方法：企业在达到合规度要求的基础上，按照既定权重，利用实物维度、价值维度和综合维度指标计算出一个综合指数，然后对企业进行排名，以排名顺序作为可持续发展水平的依据。

上述运行管控模式评价思路如图 7 –2 所示。

二、运行管控评价指标体系

基于运行管控模式评价思路，本书构建了适用于环境管制主体对企业环境持续发展水平进行综合评价的运行管控评价指标体系，包括实物维度指标、价值维度指标和综合维度指标。

1. 实物维度指标

运行管控模式下，实物维度评价指标首先包括产品生产耗用率 C^P、正产

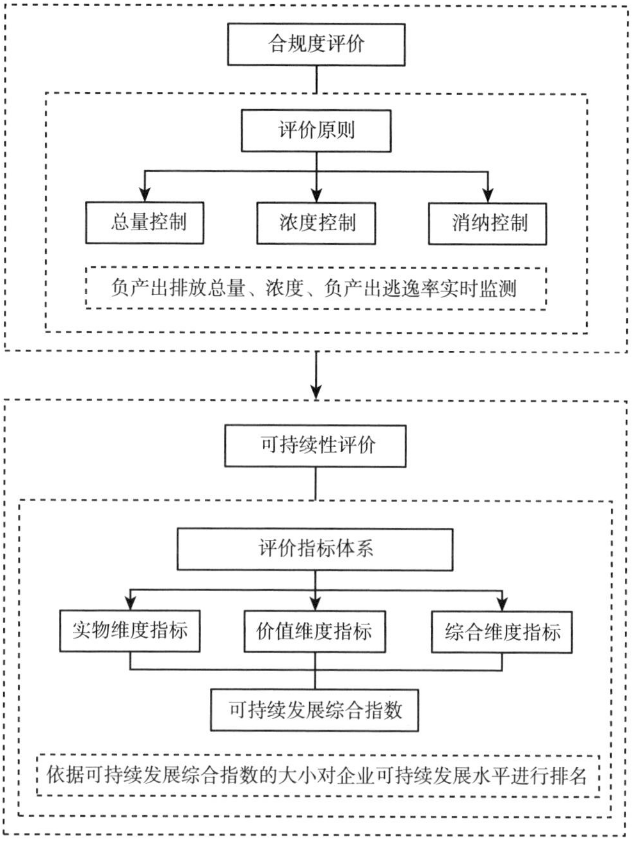

图 7－2　运行管控评价思路

出生产耗用率 C^{pp}、负产出生产耗用率 C^{np} 和负产出治理耗用率 C_g^{np}，用于表示产出、正产出和负产出三类产出要素的实物量投入产出效率。其次，包括负产出逃逸率 L_i、负产出治理率 RC_i 和负产出未达标率 S_i。负产出治理率代表企业对负产出的治理能力，负产出治理率越大，代表企业环境治理能力越强。负产出未达标率代表未达标负产出排放量占总负产出的比例，该比率越大，代表企业环境治理能力越差。负产出逃逸率的计算如式（7－1）所示，其余上述指标的计算如式（7－2）至式（7－8）所示。

$$C^p = \frac{\sum I_i}{\sum P_j}(i, j = 1, 2, \cdots, n) \tag{7-2}$$

其中，“I_i”表示第 i 种消耗要素量，“P_j”表示第 j 种产品产出量。

$$C^{pp} = \frac{\sum I_i}{\sum PP_j}(i, j=1, 2, \cdots, n) \tag{7-3}$$

其中，“I_i”表示第 i 种消耗要素量，“PP_j”表示第 j 种正产出量。

$$C^{np} = \frac{\sum I_i^p}{\sum NP_j}(i, j=1, 2, \cdots, n) \tag{7-4}$$

其中，“I_i^p”表示第 i 种消耗要素量，“NP_j”表示第 j 种负产出量。

$$C_g^{np} = \frac{\sum I_i^g}{\sum NP_j}(i, j=1, 2, \cdots, n) \tag{7-5}$$

其中，“I_i^g”表示第 i 种环境治理消耗要素量，“NP_j”表示第 j 种负产出量。

$$RC_i = \frac{\sum r_i}{\sum Q_i} \times 100\% \ (i=1, 2, \cdots, n) \tag{7-6}$$

其中，“r_i”表示第 i 类负产出的治理量，“Q_i”表示第 i 类负产出的总产生量。

$$S_i = \frac{\sum u_i}{\sum Q_i} \times 100\% \ (i=1, 2, \cdots, n) \tag{7-7}$$

企业取得入市资格后，仍需对环境准入环节的基础指标进行监测，如运行期未达到相关标准，则强行退市。

2. 价值维度指标

价值维度指标旨在评价企业环境治理经济耗费和环境治理成效的外部性损益。

为了反映企业的治理耗费，价值维度指标包括单位负产出实际治理支出 C^f 和单位负产出虚拟治理支出 C^s。单位负产出实际治理支出表示治理单位第 i 类负产出所消耗的实际治理支出金额。单位负产出虚拟治理支出表示单位第 i 类负产出的外部环境价值。上述指标的计算如式（7-8）和式（7-9）所示。

$$C^f = \frac{\sum f_i}{\sum q_i}(i=1, 2, \cdots, n) \tag{7-8}$$

其中，“f_i”表示第 i 类负产出的实际治理支出，“q_i”表示第 i 类负产出的治理量。

$$C^s = \frac{\sum s_i}{\sum el_i} \quad (i = 1, 2, \cdots, n) \tag{7-9}$$

其中，“s_i”表示第 i 类负产出的虚拟治理支出，“el_i”表示第 i 类负产出的对外排放量。

为了反映环境治理成效的外部性损益，价值维度指标包括治理保障比率 R^r、实际治理损失比率 R^e 和无效治理损失比率 R^l。

治理保障比率表示虚拟治理支出与实际治理支出的比值，分子表示全部对外排放负产出给社会公众造成的环境损失价值，分母表示企业成功治理的负产出所消耗的价值，该比率越小，表明企业生产对社会公众的经济损失影响越小，企业环境治理为社会公众带来的环境保障越大。

实际治理损失比率表示未达标和未治理负产出的价值与总负产出价值之比，分子表示企业拟治理但治理失败的负产出对社会造成的环境经济损失，分母表示全部负产出对社会造成的环境损失价值。该比率越大，代表因企业治理失败而造成的环境经济损失越大。

无效治理损失比率表示逃逸负产出的价值与总负产出价值之比。分子表示企业未成功捕捉的负产出对社会造成的环境经济损失，分母表示全部负产出对社会造成的环境损失价值。该比率越大，代表因企业环境治理创新能力不足而造成的环境经济损失越大。

上述指标的计算如式（7－10）至式（7－12）所示。

$$R^r = \frac{s_i}{f_i} \times 100\% \quad (i = 1, 2, \cdots, n) \tag{7-10}$$

其中，“s_i”表示第 i 类负产出的虚拟治理支出，“f_i”表示第 i 类负产出的实际治理支出。

$$R^e = \frac{\sum us_i + \sum ug_i}{\sum ep_i} \times 100\% \quad (i = 1, 2, \cdots, n) \tag{7-11}$$

其中，“$\sum us_i$”表示未达标负产出的总价值，“$\sum ug_i$”表示未治理负产出的总价值，“$\sum ep_i$”表示全部负产出价值。

$$R^l = \frac{\sum lw_i}{\sum ep_i} \times 100\% \quad (i = 1, 2, \cdots, n) \tag{7-12}$$

其中，“$\sum lw_i$”表示逃逸负产出的总价值，“$\sum ep_i$”表示全部负产出价值。

最后，对上述指标分别赋权，计算可持续发展指数，如式（7－13）所示。

$$S_n = P_1 \times \left(\sum_{i=1}^{n} \omega_i \times P_i \right) + P_2 \times \left(\sum_{i=1}^{n} \alpha_i \times M_i \right) + P_3 \times \left(\sum_{i=1}^{n} \beta_i \times Em_i \right) \tag{7-13}$$

其中，“P_1”表示实物维度指标综合权重，“P_2”表示价值维度指标综合权重，“P_3”表示综合维度指标综合权重，“ω_i”表示第 i 个实物维度指标的权重，“P_i”表示第 i 个实物维度指标值；“α_i”表示第 i 个价值维度指标的权重，“M_i”表示第 i 个价值维度指标值；“β_i”表示第 i 个综合维度指标的权重，“Em_i”表示第 i 个综合维度指标值。

3. 综合维度指标

综合维度指标旨在对企业可持续发展水平进行综合评价。本书使用能值分析法，对实物维度要素进行了再计量。本节根据能值计量结果，对实物维度要素进行再评价，并设计相应的反映可持续发展水平的能值指标，以实现环境管制主体对企业可持续发展水平进行综合评判的需求，能值指标的构成要素如图 7－3 所示。

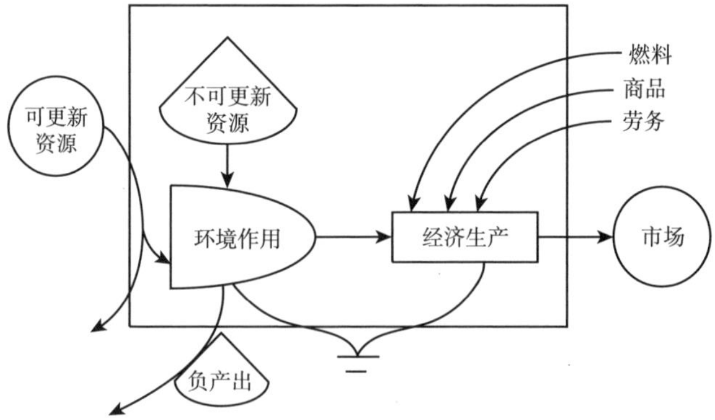

图 7－3　能值指标的构成要素

综合维度指标名称及公式如表 7－1 所示。

表 7－1　　　　综合维度指标名称及公式

指标类别	指标名称	指标公式
投入	能值投资率	$(Em_M + Em_S)/(Em_R + Em_N)$
	环境负载率	$(Em_F + Em_N)/Em_R$
	可更新资源能值比率	Em_R/Em_I
产出	能值产出率	$Em_Y/(Em_S + Em_M)$
	负产出与可更新能值比	Em_w/Em_R
	负产出与总能值比	Em_w/Em_I

注：Em_R 表示可更新资源能值；Em_N 表示不可更新资源能值；Em_I 表示投入能值；Em_Y 表示产出能值；Em_m 表示燃料、商品能值；Em_s 表示劳务能值；Em_w 表示负产出能值。

能值投资率（Emergy Investment Ratio，EIR）为购买的燃料、商品及劳务的能值比可更新资源（太阳能、风、雨等）和不可再生资源的能值（土地、矿产资源等）。分子表示从经济系统购买的能值，分母表示自然无偿投入的能值。能值投资率可以衡量经济投入与环境依赖程度的关系。该指标值越大，代表经济效率高且对环境依赖小；该指标越小，表示经济效率低且对环境的依赖性强。

环境负载率（Environment Load Ratio，ELR）为从经济系统中投入的购买资源和自然无偿供给的不可更新资源的总和与自然无偿供给的可更新资源的比值。该指标越大，表示系统的环境承压能力越强；该指标越小，表示系统的环境承压能力弱，更应该注重环境的保护。

可更新资源能值比率（Renewable Emergy Ratio，RER）表示可更新资源能值在总投入资源能值中的比重。可更新资源能值比率越大，代表系统的可持续发展潜力越大。

能值产出率（Emergy Yield Ratio，EYR）是系统产出能值与经济输入能值之比，与“产投比”类似，是综合衡量系统经济和环境投入产出效率的一项指标。能值产出率越高，表示产出对经济贡献越大、生产效率越高。

负产出与可更新能值比（Waste to Renewable Ratio，WRR）是负产出能值与可更新资源投入能值之比。该指标表示负产出对环境的压力，指标值越大，表示负产出对环境的影响程度越大。

负产出与总能值比（Waste to Input Ratio，WIR）为负产出能值与总投入能值之比。该指标可以反映负产出的利用价值，比值越大，表示负产出的转化率越高，系统生产的环境效率越低。

三、运行管控评价政策应用案例

1. 案例背景

本书以 13 家火力发电企业为样本，对运行管控评价方法进行应用。其中，M 电厂为前文案例研究对象，其余电厂数据来自生态环境部和上市公司年报。由于本书仅使用相关数据验证所提出方案的可行性，不代表样本的真实环境绩效，故而将各电厂重新以字母命名而不显示其真实名称。

2. 运行管控评价指标计算结果

首先，以硫元素作为环境管控重点元素。硫元素的来源为煤炭，物质产出为脱硫石膏和二氧化硫，假设准许耗散率为 1%，硫元素的投入产出关系及逃逸率如表 7－2 所示。

表 7－2　　　　硫元素投入产出关系及逃逸率

电厂编号	燃煤消耗量（吨）	煤炭含硫率（%）	硫元素消耗量	正产出消纳量	达标排放消纳量	准许耗散消纳量	未消纳量	硫元素逃逸率（%）
A	3 178 500.00	0.80	25 428.00	18 070.89	198.10	715.90	6 443.11	25.34
B	2 710 000.00	2.10	56 910.00	36 356.78	581.05	1 997.22	17 974.95	31.58
C	7 397 700.00	0.53	39 207.81	32 294.65	915.38	599.78	5 398.01	13.77
D	885 000.00	2.30	20 355.00	0.00	1 655.16	1 869.98	16 829.86	82.68
E	335 160.00	3.40	11 395.44	3 445.19	1 217.04	673.32	6 059.88	53.18
F	4 187 300.00	3.10	129 806.30	0.00	1 483.88	12 832.24	115 490.18	88.97
G	20 643 890.00	0.21	44 177.92	0.00	798.50	4 337.94	39 041.48	88.37
H	247 200.00	0.70	1 730.40	0.00	55.22	167.52	1 507.66	87.13
I	288 000.00	0.81	2 332.80	0.00	25.37	230.74	2 076.69	89.02
J	144 000.00	2.30	3 312.00	0.00	6.00	330.60	2 975.40	89.84
K	28 000.00	2.10	588.00	0.00	1.53	58.65	527.82	89.77
L	18 700.00	2.30	430.10	0.00	1.15	42.90	386.06	89.76
M	3 920 758.96	0.83	32 542.30	23 655.69	380.37	850.62	7 655.62	23.53

本书假设环境管制部门规定的硫元素逃逸率上限为50%，则仅有A电厂、B电厂、C电厂和M电厂满足标准，其余电厂被责令当期停产整顿。

本书对A电厂、B电厂、C电厂和M电厂实物维度、价值维度和综合维度的指标进行了计算，计算结果如表7-3至表7-5所示。

表7-3 实物维度评价指标计算结果

电厂编号	负产出治理率（%）	负产出未达标率（%）	负产出逃逸率（%）	产品生产耗用率	正产出生产耗用率	负产出生产耗用率	负产出治理耗用率
A	9.00	0.02	90.91	2.67	164.54	0.78	169.82
B	36.00	0.26	63.69	0.84	26.03	0.52	24.34
C	26.00	0.22	74.07	1.01	99.26	0.58	108.09
M	29.00	0.25	70.42	2.13	203.92	1.38	1.58

表7-4 价值维度评价指标计算结果

电厂编号	治理保障比率（%）	实际治理损失比率（%）	无效治理损失比率（%）	单位负产出实际治理支出	单位负产出虚拟治理支出
A	0.39	0.01	0.08	745.45	0.29
B	0.47	0.19	0.03	909.72	2.41
C	0.42	0.13	0.05	332.00	0.48
M	0.52	0.19	0.02	1 021.42	2.26

表7-5 综合维度评价指标计算结果

电厂编号	能值产出率	负产出与可更新能值比	负产出与总能值比	能值投资率	环境负载率	可更新资源能值比率
A	12 046.25	118 645.99	11 925.61	9.78	9.95	1.11
B	1 460.42	109 396.96	1 325.76	75.53	82.58	1.01
C	6 795.65	107 574.32	6 481.94	15.72	16.60	1.06
M	103.06	332 612.44	96.94	3 156.29	3 466.98	1.00

3. 基于层次分析法的运行管控评价结果

本书基于层次分析法，对实物维度、价值维度和综合维度的指标进行赋权，并根据权重和指标计算结果计算上述4家电厂的可持续发展指数，用以对其运行管控周期内可持续发展水平进行排名。

（1）层次分析法权重结果。层次分析法（Analytic Hierarchy Process，AHP）是一种多目标决策方法，通过将复杂问题划分层次结构，辅之以外部专家判断，从而实现对决策方案进行排序。AHP 采用相对权重，通过将指标进行两两比较，可以构造出比较判断矩阵，从而实现对权重的定量化判断。因此，AHP 比传统意义上的专家打分等经验法直接对指标赋予权重的方式更为客观。

本书借助外部专家判断，在对运行管控模式指标体系构造判断矩阵的基础上，使用 Matlab 软件得出各指标相应的权重，赋权结果如表 7－6 所示。

表 7－6　AHP 赋权结果

一级指标	指标权重	二级指标	指标权重
实物维度	0.45	负产出治理率	0.12
		负产出未达标率	0.15
		负产出逃逸率	0.30
		产品生产耗用率	0.08
		正产出生产耗用率	0.10
		负产出生产耗用率	0.05
		负产出治理耗用率	0.20
	0.25	环境风险比率	0.25
		内部环境治理比率	0.15
		外部环境治理比率	0.25
		单位负产出实际治理支出	0.15
		单位负产出虚拟治理支出	0.20
综合维度	0.30	能值产出率	0.12
		负产出与可更新能值比	0.15
		负产出与总能值比	0.2
		能值投资率	0.11
		环境负载率	0.3
		可更新资源能值比率	0.12

（2）可持续发展指数计算结果。首先，由于不同指标量纲不同，本书采用极差变换法对指标进行归一化处理，处理结果如表 7－7 至表 7－9 所示。

表 7－7 展示了实物维度指标的归一化结果。

表 7－7　　实物维度指标归一化结果

电厂编号	负产出治理率	负产出未达标率	负产出逃逸率	产品生产耗用率	正产出生产耗用率	负产出生产耗用率	负产出治理耗用率
A	0.00	1.00	0.61	0.32	1.00	0.57	0.00
B	1.00	0.00	0.00	0.00	0.14	0.80	1.00
C	0.63	0.09	0.32	0.07	0.63	0.00	0.09
M	0.81	0.76	1.00	1.00	0.00	1.00	0.91

表 7－8 展示了价值维度指标的归一化结果。

表 7－8　　价值维度评价指标归一化结果

电厂编号	治理保障比率	实际治理损失比率	无效治理损失比率	单位负产出实际治理支出	单位负产出虚拟治理支出
A	1.00	0.00	0.00	1.00	1.00
B	0.11	0.02	0.02	0.09	0.61
C	0.56	0.00	0.00	0.55	0.67
M	0.00	1.00	1.00	0.00	0.00

表 7－9 展示了综合维度指标的归一化结果。

表 7－9　　综合维度评价指标归一化结果

电厂编号	能值产出率	负产出与可更新能值比	负产出与总能值比	能值投资率	环境负载率	可更新资源能值比率
A	0.00	0.95	0.00	1.00	1.00	0.00
B	0.89	0.99	0.90	0.98	0.98	0.89
C	0.44	1.00	0.46	1.00	1.00	0.43
M	1.00	0.00	1.00	0.00	0.00	1.00

其次，本书构造了可持续发展指数，如式（7－14）所示。

$$S_n = 0.45 \times \left(\sum_{i=1}^{n} \omega_i \times P_i\right) + 0.25 \times \left(\sum_{i=1}^{n} \alpha_i \times M_i\right) + 0.3 \times \left(\sum_{i=1}^{n} \beta_i \times Em_i\right) \tag{7-14}$$

其中，“ω_i”为第 i 个实物维度指标的权重，“P_i”为第 i 个实物维度指标值；“α_i”为第 i 个价值维度指标的权重，“M_i”为第 i 个价值维度指标值；“β_i”为第 i 个综合维度指标的权重，“Em_i”为第 i 个综合维度指标值。

可持续发展指数的结果范围为［0，1］。如果指数范围在（0.8，1］，则认定企业为可持续发展企业；如果指数范围在（0.5，8］，则认定企业为弱可持续发展企业；如果指数范围在（0，0.5］，则认定企业为非可持续发展企业。

最后，计算4家电厂的可持续发展指数，并按照指数大小划分可持续发展水平等级，计算结果如表7－10所示。

表7－10　可持续发展指数计算结果

电厂编号	可持续发展指数
A	0.53
B	0.49
C	0.44
M	0.60

基于表7－10的计算结果，4家电厂中，M电厂和A电厂为弱可持续发展企业，B电厂和C电厂为非可持续发展企业。这说明，虽然在运行期内4家电厂满足了政府环境管制部门的刚性约束要求，但其整体可持续发展水平有待提高。

第三节　基于投入产出的环境退出评价政策建议

环境退出评价是指政府环境管制部门对拟退出市场的企业、业务进行环境评价，旨在监督重污染行业企业退出前必须对所产生的环境污染进行治理。环境退出评价的重点在于，核验企业是否对形成污染物的全部重点管控元素进行了彻底消纳。环境退出评价思路如图7－4所示。

政府环境管制部门在企业提交退出申请时，对企业经营期内重点管控元素的物质守恒情况进行核验，只有当经营期内的重点管控元素消耗量等于重点管控元素消纳量（包括达标排放消纳量、产品消纳量、正产出消纳量和准许耗散消纳量）时，才允许其退出。如果重点管控元素消耗量大于重点管控元素消纳量，则说明企业环境治理不彻底，需要继续对重点管控元素进行消纳，直至消纳完毕方可退出。

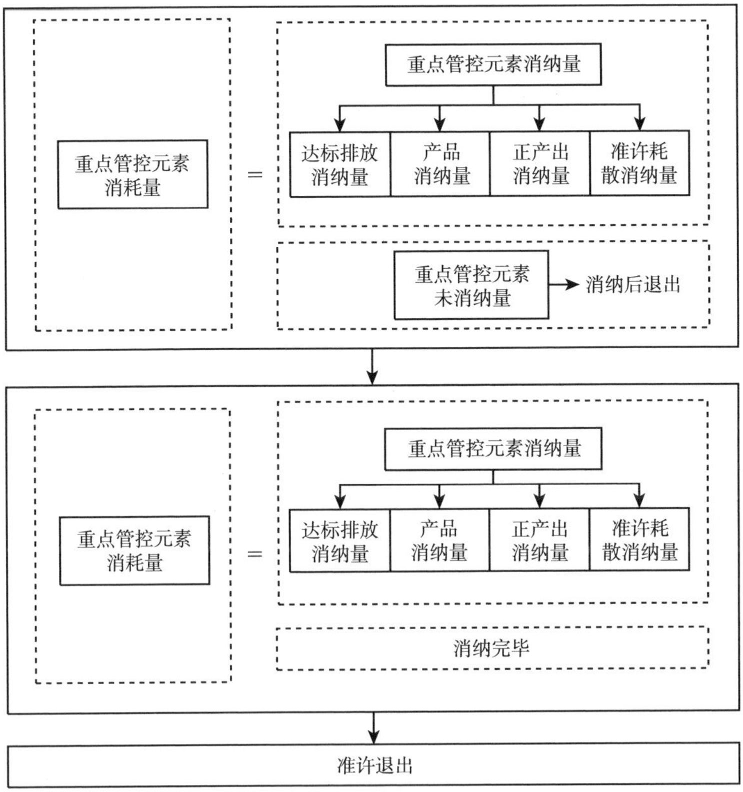

图 7－4　环境退出评价思路

第四节　小　　结

本章基于环境管制主体在不同管控环节的评价需求，针对环境管制主体如何使用基于投入产出的环境会计信息进行环境评价提出政策建议，具体包括以下内容。

第一，针对环境准入环节的评价目标，本书建议基于实物维度环境会计信息投入产出关系，分别从宏观物质层面和微观元素层面对企业的准入资格进行评价。在宏观物质层面，环境管制主体可以基于物质投入产出关系对企业资源消耗和负产出排放总量进行核验，以评价负产出总量治理效率；在微观元素层面，环境管制主体可以基于元素投入产出关系对形成污染物的重点管控元素消纳量进行具体核验，以评价重点管控元素的消纳效率。

第二，针对运行管控环节的评价目标，本书建议先对负产出进行总量控制、浓度控制和消纳控制，并设置相关排放上限和消纳下限，对运行期内不达标的企业进行停产整顿。继而建议在负产出达标的基础上再对企业整体可持续发展水平进行综合评价，针对实物维度、价值维度和综合维度的评价内容，构建三维环境绩效评价指标体系，使用可持续发展指数对企业环境可持续发展水平进行等级划分。最后，以燃煤发电企业为对象，对运行管控模式下的评价方法进行应用，验证了评价建议的可操作性。

第三，针对环境退出环节的评价目标，本书建议环境管制主体以重点管控元素是否实现了彻底消纳作为企业环境退出资格的评判依据。只有经营期内的重点管控元素消耗量等于其消纳量时，才允许企业退出。如果重点管控元素消耗量大于其消纳量，则说明企业环境治理不彻底，需要继续对重点管控元素进行消纳，直至消纳完毕方可退出。

第八章　研究结论与展望

环境会计是会计领域的热点和难点课题之一，本书针对目前环境管制与企业环境会计之间的不适应性，借鉴管制经济学、生态经济学、化学等学科的理论及方法，以“界定信息—计量信息—披露信息—使用信息”为逻辑展开研究，得出如下结论。

第一，研究环境管制和环境会计的制度背景。立足环境管制信息需求，对环境会计信息供给现状进行研究。发现环境管制与环境会计都是以投入产出关系为逻辑，对各自目标达成与否进行评价。二者关于产出目标的不同，是造成环境会计要素分类、环境会计信息披露、环境绩效评价与环境管制不适应性的本质原因。因此，本书以投入产出为依据，立足环境管制，对环境会计的信息计量及应用体系进行设计，以提高环境会计与环境管制的适应性。

第二，基于投入产出关系，从实物、价值和综合三个维度构建了环境会计要素体系。实物维度环境会计要素是环境管制主体进行信息核验的基础，在环境会计要素体系中具备基础性作用。在实物维度，企业内部存在当期消耗等于当期产出的投入产出关系。本书依据投入产出关系，将实物维度环境会计要素划分为消耗要素、产品要素、正产出要素和负产出要素，继而基于物质不灭原理，提出实物维度要素恒等式为：消耗要素 = 产品要素 + 正产出要素 + 负产出要素，该恒等式为环境管制主体评价污染物总量控制情况与污染物消纳治理情况提供了核验依据。基于实物量与价值量流转关系，本书在实物维度环境会计要素的基础上，进一步构建了价值维度环境会计要素，包括投入要素、消耗要素、产出要素和权益要素，根据价值流转关系，提出价值维度要素恒等式为：投入要素 + 产出要素 = 消耗要素 + 权益要素，该恒等式为环境管制主体评价企业环境治理耗费情况和环境外部性损益影响提供了依据。为了满足环境管制主体对企业可持续发展水平的要求，本书对实物维度环境会计要素进行再分类，基于物质投入产出关系构造环境增益（减益）要素，以判断消耗要素的可持续发展潜力，基于产品要素、正产出要素和负产出要素的关系，构造环境综合要素，以判断企业整体可持续发展能力。

第三，针对所构建的环境会计要素体系，分别设计要素计量方法，从而为环境会计信息披露奠定计量基础。针对实物维度要素，主要设计消耗要素和负产出要素的计量模型。基于真实性原则，消耗要素计量采用实物盘存制，即根据期初存量、本期购入量和期末存量，倒挤出当期消耗量。基于重要性原则，在产出要素中重点设计负产出要素计量模型，依据投入产出平衡关系，用可验证消耗要素量减去可验证产出要素，差额为不可验证负产出要素，即逃逸负产出，代表企业未彻底消纳的负产出量，需企业进一步对其进行治理，直至将其完全消纳。实物维度计量模型同时适用于物质和元素两个层面，分别用于对企业整体投入产出进行描述和对重点环境管控元素进行追踪。针对价值维度环境会计要素，本书分初始计量环节和后续计量环节对相关要素计量方法进行设计。在初始计量环节，主要阐述了投入要素价值的计量方法，保障了后续计量的准确性和全面性。在后续计量环节，依据投入产出关系，用产品、正产出和负产出形成对应的消耗量，乘以相应的流量价值分配率、存量价值分配率和环境价值分配率，计算产品、正产出和负产出的价值。根据投入要素、消耗要素以及产出要素价值，可以计算出权益要素价值。由于不同物质之间存在质的不可比，无法直接将实物维度投入产出要素直接对冲累加，故而本书采用能值分析法，对实物维度要素进行能值转化。基于能值转化结果，根据定义设计环境增益（减益）要素计量模型，以及环境综合要素计量模型。以一家燃煤电厂为案例，对本书所设计的计量模型进行应用，验证了方法的可行性。

第四，针对环境管制主体全生命周期评价需求，设计相应的环境会计信息披露模式与内容。本书的实证研究表明，环境会计信息对象应区分政府环境管制部门和社会公众，并分别进行信息披露。因此，本书首先构建了适用于环境管制全生命周期评价的环境会计信息披露模式：针对新企业、新业务，构建准入模式；针对现有企业、现有业务，构建运行管控模式；针对重大环境风险企业和业务，构建管制退出模式。其次，在三种模式下分别设计面向政府环境管制部门的管制包专递内容，以及面向社会公众的对外公开信息披露内容，并设计了一套环境会计报表体系，提高了信息披露的规范性和针对性。以一家燃煤电厂为案例，对运行管控模式下环境信息披露内容进行应用。

第五，针对环境管制主体如何使用环境会计所提供的环境信息进行评价提出政策建议。针对环境准入环节，本书建议分别从宏观物质层面和微观元素层面对企业的准入资格进行评价。在宏观物质层面，环境管制主体可以基于物质投入产出关系对企业资源消耗和负产出排放总量进行核验，以评价负产出总量治理效率；在微观元素层面，环境管制主体可以基于元素投入产出关系对形成污染物的重点管控元素消纳量进行具体核验，以评价重点管控元素的实际治理成效。针对运行管控环节，本书建议设置负产出排放总量、负产出逃逸率的上限，对运行期内负产出消纳不达标的企业进行停产整顿。在达标的基础上，再对企业整体可持续发展水平进行综合评价，针对实物维度、价值维度和综合维度的评价内容，构建三维环境绩效评价指标体系，使用可持续发展指数对企业环境可持续发展水平进行等级划分。针对环境退出环节，本书建议环境管制主体以重点管控元素是否实现彻底消纳作为企业环境退出资格的评判依据。只有经营期内的重点管控元素消耗量等于其消纳量时，才允许企业退出。如果重点管控元素消耗量大于其消纳量，则说明企业环境治理不彻底，需要继续对重点管控元素进行消纳，直至消纳完毕方可退出。本书以 13 家燃煤发电企业为研究对象，对运行管控环节的环境评价方法进行应用，验证了政策建议的可操作性。

综上所述，本书构建了适应环境管制信息需求的环境会计要素体系，并设计了以实物计量为基础、价值计量为补充、能值计量为协调的要素计量方法，配套了适用于环境管制信息采集的环境会计信息披露模式，最终为环境管制主体如何利用上述信息进行评价提供政策建议。本书所提出的基于投入产出的环境会计信息计量及应用体系，进一步完善了我国环境会计理论框架体系，丰富了我国环境会计的应用方法，对实现宏观环境管制与微观环境会计的有机统一具有重要意义。

由于笔者研究水平和精力的限制，本书对环境会计的研究仍有一定不足，在货币计量与非货币计量的统一、环境会计与现行会计的结合方面有待进一步探讨。未来的环境会计研究可以从以上两个方面进行更深入的研究。

参考文献

[1] United Nations. The Sustainable Development Goals 2020 [EB/OL]. (2020-05-19) [2020-10-04]. https://unstats. un. org/sdgs/report/2020/The-Sustainable-Development-Goals-Report-2020. pdf.

[2] 中国能源研究会. 中国能源发展报告 [M]. 北京: 北京大学出版社, 2020.

[3] 单葆国. 全球能源分析与展望 [R]. 北京: 国网能源研究院, 2020.

[4] Coase R H. The Problem of Social Cost [M]. London: Palgrave Macmillan, 1960.

[5] Ullmann, Arieh A. The corporate environmental accounting system: A management tool for fighting environmental degradation [J]. Accounting, Organizations and Society, 1976, 1 (1): 71-79.

[6] Gray R, Bebbington J. Environmental Accounting, Managerialism and Sustainability: Is the Planet Safe in the Hands of Business and Accounting [J]. Advances in Environmental Accounting & Management, 2000 (1): 1-44.

[7] Vogel D. Trading up and governing across: transnational governance and environmental protection [J]. Journal of European Public Policy, 1997, 4 (4): 556-571.

[8] Gray R. The social accounting project and Accounting Organizations and Society Privileging engagement, imaginings, new accountings and pragmatism over critique? [J]. Accounting, Organizations & Society, 2002, 27 (7): 687-708.

[9] Ball A. Environmental accounting as workplace activism [J]. Critical Perspectives on Accounting, 2007, 10 (7): 759-778.

[10] Jones M J. Accounting for the environment: Towards a theoretical perspective for environmental accounting and reporting [J] Accounting Forum, 2010,

34 (2): 123 - 138.

[11] Christensen B, Himme A. Improving environmental management accounting: how to use statistics to better determine energy consumption [J]. Journal of Management Control, 2017, 28 (2): 1 - 17.

[12] Clo S, Ferraris M, Florio M. Ownership and environmental regulation: Evidence from the European electricity industry [J]. Energy Economics, 2017, 61 (1): 298 - 312.

[13] Zhelyazkova V. Environmental Accounting - Principles And Main Challenges For Financial Managers [J]. Economy & Business Journal, 2019, 13 (1): 24 - 31.

[14] Solikhah B, Yulianto A, Suryarini T. Legitimacy Theory Perspective on the Quality of Carbon Emission Disclosure: Case Study on Manufacturing Companies in Indonesia Stock Exchange [J]. IOP Conference Series: Earth and Environmental Science, 2020, 448 (1): 12 - 63.

[15] 葛家澍，李若山．九十年代西方会计理论的一个新思潮——绿色会计理论 [J]. 会计研究，1992 (5): 1 - 6.

[16] 朱学义．我国环境会计初探 [J]. 会计研究，1999 (4): 26 - 30.

[17] 安庆钊．环境会计理论结构的探讨 [J]. 财税与会计，1999 (9): 10 - 12.

[18] 黄慧．上市公司环境会计信息披露及时性的制度探讨 [J]. 商业会计，2012 (6): 76 - 77.

[19] 相福刚．企业环境会计核算体系的构建研究 [J]. 会计之友，2018，594 (18): 45 - 50.

[20] 张晓蓉．论环境会计与可持续发展 [J]. 山西财经大学学报，2016，38 (S2): 61 - 63，67.

[21] 章茜．政府管制与企业实施环境会计的协调探究 [J]. 中国乡镇企业会计，2016 (6): 190 - 191.

[22] 李静．环境管制、环境会计信息披露质量与市场反应——来自大气污染行业的经验证据 [J]. 财会月刊，2017 (20): 32 - 38.

[23] 王晨光．对我国企业环境会计信息披露研究现状的探究 [J]. 江苏

商论，2020（5）：95－97，102.

［24］宋梅，田文利．京津冀协同发展下上市公司环境会计信息披露的法律规制——基于京津冀地区化工类上市公司的实证分析［J］．全国流通经济，2020（30）：184－189.

［25］孟凡利．环境会计的概念与本质［J］．会计研究，1997（12）：45－46.

［26］吴春雷，张新民．可持续发展与会计本质［J］．会计研究，2017（11）：38－44，96.

［27］肖序，曾辉祥，李世辉．环境管理会计“物质流—价值流—组织”三维模型研究［J］．会计研究，2017（1）：15－22.

［28］Christ K L，Burritt R L. What Constitutes Contemporary Corporate Water Accounting? A Review from a Management Perspective［J］．Sustainable Development，2017，25（2）：138－149.

［29］Nikodinoska N，Buonocore E，Paletto A，et al. Wood－based bioenergy value chain in mountain urban districts：An integrated environmental accounting framework［J］．Applied Energy，2017，186（2）：197－210.

［30］Dutta A，Jana R K，Das D. Do Green Investments React to Oil Price Shocks? Implications for Sustainable Development［J］．Journal of Cleaner Production，2020，https：//doi. org/10. 1016/j. jclepro. 2020. 121956.

［31］Díaz Chao Ángel，Ficapal Cusí Pilar，Torrent Sellens Joan. Environmental assets，industry 4. 0 technologies and firm performance in Spain：A dynamic capabilities path to reward sustainability［J］．Journal of Cleaner Production，2021，https：//doi. org/10. 1016/j. jclepro. 2020. 125264.

［32］许家林，王昌锐．论环境会计核算中的环境资产确认问题［J］．会计研究，2006（1）：25－29，93.

［33］杨世忠，曹梅梅．宏观环境会计核算体系框架构想［J］．会计研究，2010（8）：9－15.

［34］张薇，伍中信，王蜜，等．产权保护导向的碳排放权会计确认与计量研究［J］．会计研究，2014（3）：88－94，96.

［35］王乐锦，朱炜，王斌．环境资产价值计量：理论基础、国际实践与

中国选择——基于自然资源资产负债表编制视角［J］. 会计研究，2016（12）：3－11，95.

［36］Albiero Germán，Santucci Lucía，Carol Eleonora. Assessment of Acid Sulfate Drainage in an Environmental Liability Associated with an Ancient Sulfuric Acid Industry in a Sector of the Río de la Plata Coastal Plain：Impacts On Soil And Water Quality［J］. Water，Air，& Soil Pollution，2021，232（4）：58－67.

［37］Cruzado－Tafur E，Torró L，Bierla K，et al. Heavy metal contents in soils and native flora inventory at mining environmental liabilities in the Peruvian Andes［J］. Journal of South American Earth Sciences，2020，https：//doi. org/10. 1016/j. jsames. 2020. 103107.

［38］González－Arqueros M L，Domínguez－Vázquez G，Alfaro－Cuevas－Villanueva R，et al. Hazardous Solid Waste Confined in Closed Dump of Morelia：An Urgent Environmental Liability to Attend in Developing Countries［J］. Sustainability，2021，13（5）：2557.

［39］肖序，许松涛. 资产弃置义务会计：理论诠释与准则展望［J］. 会计研究，2013（2）：9－14，94.

［40］王斌，朱炜，王乐锦. 双重目标的生物资源资产负债表编报：要素范畴与框架体系［J］. 会计研究，2017（10）：3－10，96.

［41］Paoli C，Gastaudo I，Vassallo P. The environmental cost to restore beach ecoservices［J］. Ecological Engineering，2013（52）：182－190.

［42］Nuri T，Mustafa K，Burak C，et al. Environmental pollution cost analysis of a diesel engine fueled with biogas－diesel－tire pyrolytic oil blends［J］. Engineering Science and Technology，an International Journal，2020. https：//doi. org/10. 1016/j. jestch. 2020. 10. 008.

［43］Py A，Da A，Dmmy B，et al. Environmental Impact and Environmental Cost Assessment of Methanol Production from wood biomass［J］. Environmental Pollution，2020，https：//doi. org/10. 1016/j. envpol. 2020. 114990.

［44］张冬英. 资源流视角下企业环境成本扩展问题探析［J］. 财会通讯，2021（8）：169－172.

［45］孙朝磊. 基于齿轮法的企业环境成本管理问题研究［J］. 财会通

讯，2021 (8)：164 - 168.

[46] 曹翔，王郁妍．环境成本上升导致了外资撤离吗？[J]．财经研究，2021，47 (3)：140 - 154.

[47] 冯淑萍，沈小南．关于环境会计问题的讨论——联合国国际会计和报告标准政府间专家工作组第十三届会议情况简介 [J]．会计研究，1995 (6)：47 - 49.

[48] 陈毓圭．环境会计和报告的第一份国际指南：联合国国际会计和报告标准政府间专家工作 [J]．会计研究，1998 (5)：1 - 8.

[49] 蒋尧明．构建环境会计学的理论框架 [J]．财经问题研究，2000 (4)：46 - 51.

[50] 肖序．论环境会计的理论结构 [J]．财经论丛，2002 (4)：58 - 63.

[51] 周丽娟．企业环境会计研究 [D]．合肥：安徽农业大学，2005.

[52] 张劲松．环境会计报告研究 [D]．哈尔滨：东北林业大学，2007.

[53] Jasch C. The use of Environmental Management Accounting (EMA) for identifying environmental costs [J]. Journal of Cleaner Production, 2003, 11 (6): 667 - 676.

[54] Beer P D, Friend F. Environmental accounting: A management tool for enhancing corporate environmental and economic performance [J]. Ecological Economics, 2006, 58 (3): 548 - 560.

[55] JaschC. Environmental and Material Flow Cost Accounting: Principles and Procedures [J]. Journal of Cleaner Production, 2010, 18 (13): 1347 - 1348.

[56] Tsai W H, Shen Y S, Lee P L, et al. Integrating information about the cost of carbon through activity - based costing [J]. Journal of Cleaner Production, 2012 (36): 102 - 111.

[57] Papaspyropoulos K G, Blioumis V, Christodoulou A S, et al. Challenges in implementing environmental management accounting tools: the case of a nonprofit forestry organization [J]. Journal of Cleaner Production, 2012, 29 (7): 132 - 143.

[58] Ismail M S, Ramli A, Darus F. Environmental Management Accounting

Practices and Islamic Corporate Social Responsibility Compliance: Evidence from ISO 14001 Companies [J]. Procedia - Social and Behavioral Sciences, 2014 (145): 343 - 351.

[59] Cakir N, Alp E, Yetis U. Evaluation of Environmental Performance Based on Proximity to Bat Associated Resource Utilization and Emission Values: A Case Study in a Steel - Making Industry [J]. Waste & Biomass Valorization, 2016, 7 (4): 1 - 19.

[60] 肖序. 物质流成本会计理论及其应用研究 [J]. 华东经济管理, 2011, 25 (7): 113 - 117.

[61] 冯江涛. 物质流成本会计模式下废品损失的核算 [J]. 财会月刊, 2013 (5): 16 - 18.

[62] 王立彦. 环境成本与 GDP 有效性 [J]. 会计研究, 2015 (3): 3 - 11, 94.

[63] 肖序, 曾辉祥, 李世辉. 环境管理会计 "物质流—价值流—组织" 三维模型研究 [J]. 会计研究, 2017 (1): 15 - 22, 95.

[64] 周烨. 物质流成本会计方法下的环境收入计量分析 [J]. 财会通讯, 2020 (11): 101 - 104.

[65] Leach G. Energy and food production [J]. Food Policy, 1976, 1 (1): 62 - 73.

[66] Boustead I. Resource Implications with Particular Reference to Energy Requirements for Glass and Plastics Milk Bottles [J]. Oxford: Blackwell Publishing Ltd, 1974, 27 (3): 159 - 165.

[67] Peter F. Chapman. Energy analysis of nuclear power stations [J]. Energy Policy, 1975, 3 (4): 285 - 298.

[68] Cleveland C J, Kaufmann R K, Stern D I. Aggregation and the role of energy in the economy [J]. Ecological Economics, 2000, 32 (2): 301 - 317.

[69] Hau J L, Bakshi B R. Promise and problems of emergy analysis [J]. Ecological Modelling, 2004, 178 (1 - 2): 215 - 225.

[70] Brown M T, Ulgiati S. Emergy assessment of global renewable sources [J]. Ecological Modelling, 2015 (339): 148 - 156.

[71] Campbell, Daniel E. Emergy baseline for the Earth: A historical review of the science and a new calculation [J]. Ecological Modelling, 2016 (339): 96-125.

[72] Vilbiss C D, Brown M T, Siegel E, et al. Computing the geobiosphere emergy baseline: A novel approach [J]. Ecological Modelling, 2016, 339 (10): 133-139.

[73] 蓝盛芳，钦佩．生态系统的能值分析 [J]. 应用生态学报，2001 (1): 129-131.

[74] 陈煦江．环境会计非货币计量方法及其应用浅探 [J]. 财会月刊，2004 (2): 34-35.

[75] 雷娜，韩霁昌，王欢元，等．基于能值分析的农田防护林生态效益外部性会计计量研究 [J]. 陕西农业科学，2015, 61 (6): 96-99, 103.

[76] 黄晓荣，秦长海，郭碧莹，等．基于能值分析的价值型水资源资产负债表编制 [J]. 长江流域资源与环境．2020, 29 (4): 869-878.

[77] Peters G P, Hertwich E G. Pollution embodied in trade: The Norwegian case [J]. Global Environmental Change, 2006, 16 (4): 379-387.

[78] Patterson M, Mcdonald G. How Clean and Green is New Zealand Tourism? [J]. Landcare Research Science Series, 2004, 24 (30): 110-115.

[79] Galli A, Wiedmann T, Ercin E, et al. Integrating Ecological, Carbon and Water footprint into a "Footprint Family" of indicators: Definition and role in tracking human pressure on the planet [J]. Ecological Indicators, 2012 (16): 100-112.

[80] Ohnishi S, Dong H, Geng Y, et al. A comprehensive evaluation on industrial & urban symbiosis by combining MFA, carbon footprint and emergy methods—Case of Kawasaki, Japan [J]. Ecological Indicators, 2017, 73 (2): 513-524.

[81] Lu H, Matthews J C, Iseley T. How does trenchless technology make pipeline construction greener? A comprehensive carbon footprint and energy consumption analysis [J]. Journal of Cleaner Production, 2020, https://doi.org/10.1016/j.jclepro.2020.121215.

[82] Patterson M, Mcdonald G, Hardy D. Is there more in common than we think? Convergence of ecological footprinting, emergy analysis, life cycle assessment and other methods of environmental accounting [J]. Ecological Modelling, 2017 (362): 19 - 36.

[83] Hermann B G, Kroeze C, Jawjit W. Assessing environmental performance by combining life cycle assessment, multi - criteria analysis and environmental performance indicators [J]. Journal of Cleaner Production, 2007, 15 (18): 1787 - 1796.

[84] Lo - Iacono - Ferreira V G, Ignacio Torregrosa - Lopez J, Capuz - Rizo S. Use of Life Cycle Assessment methodology in the analysis of Ecological Footprint Assessment results to evaluate the environmental performance of universities [J]. Journal of Cleaner Production, 2016, 133 (1): 43 - 53.

[85] Howarth R B, Farber S. Accounting for the value of ecosystem services [J]. Ecological Economics, 2002, 41 (3): 421 - 429.

[86] Stoneham G, O'Keefe A, Eigenraam M, et al. Creating physical environmental asset accounts from markets for ecosystem conservation [J]. Ecological Economics, 2012, 82 (10): 114 - 122.

[87] Daziano R A, Achtnicht M. Forecasting Adoption of Ultra - Low - Emission Vehicles Using Bayes Estimates of a Multinomial Probit Model and the GHK Simulator [J]. Transportation Science, 2014, 48 (4): 671 - 683.

[88] 徐泓，包小刚，刘铭．环境会计计量的基本理论与方法 [J]．经济理论与经济管理，1999 (2): 55 - 59.

[89] 徐瑜青，王燕祥，李超．环境成本计算方法研究——以火力发电厂为例 [J]．会计研究，2002 (3): 49 - 53.

[90] Yue L I, Richardson G D, Thornton D B. Corporate Disclosure of Environmental Liability Information: Theory and Evidence [J]. Contemporary Accounting Research, 1997, 14 (3): 435 - 474.

[91] Bewley K, Yue L. Disclosure of Environmental Information by Canadian Manufacturing Companies: A Voluntary Disclosure Perspective [J]. Advances in Environmental Accounting & Management, 2000 (1): 201 - 226.

[92] Cormier D, Magnan M. Corporate Environmental Disclosure Strategies: Determinants, Costs and Benefits [J]. Social Science Electronic Publishing, 2000, 14 (4): 429 -451.

[93] Ibrahim E, Hassan A. Provision of financial information and its impact on the relationship between executives and venture capital managers: A study of the private equity market in Egypt [J]. Journal of Financial Services Marketing, 2012, 17 (1): 80 -95.

[94] Husted B W, De Sousa - Filho J M. Board structure and environmental, social, and governance disclosure in Latin America [J]. Journal of Business Research, 2018, 102 (9): 220 -227.

[95] Ismail N B, Alcouffe S, Galy N, et al. The impact of international sustainability initiatives on Life Cycle Assessment voluntary disclosures: The case of France's CAC40 listed companies [J]. Journal of Cleaner Production, 2021, https: //hal. archives - ouvertes. fr/hal - 03082800.

[96] Guthrie J, Parker L D. Corporate Social Reporting: A Rebuttal of Legitimacy Theory [J]. Accounting and Business Research, 1989, 19 (76): 343 - 352.

[97] Gray, Rob, Kouhy, et al. Corporate social and environmental reporting: a review of the literature and a longitudinal study of UK disclosure [J]. Accounting Auditing & Accountability Journal, 1995, 8 (2): 44 -47.

[98] Freedman M, Patten D M. Evidence on the pernicious effect of financial report environmental disclosure [J]. Accounting Forum, 2004, 28 (1): 27 - 41.

[99] Frost G R. The Introduction of Mandatory Environmental Reporting Guidelines: Australian Evidence [J]. Abacus, 2007, 43 (2): 190 -216.

[100] Freedman M, Jaggi B. Global Warming Disclosures: Impact of Kyoto Protocol Across Countries [J]. Journal of International Financial Management & Accounting, 2011, 22 (1): 46 -90.

[101] Chen Hongtao, An Maolin, Wang Qunwei, et al. Military executives and corporate environmental information disclosure: Evidence from China [J].

Journal of Cleaner Production，2021，https：//doi. org/10. 1016/j. jclepro. 2020. 123404.

［102］ Wang Jinxia，Wang Yangjie，Sun Cuicui，et al. Does mandatory air quality information disclosure raise happiness? Evidence from China［J］. Energy Economics，2021，https：//doi. org/10. 1016/j. eneco. 2020. 105094.

［103］汤亚莉，陈自力，刘星，等．我国上市公司环境信息披露状况及影响因素的实证研究［J］．管理世界，2006（1）：158－159.

［104］张俊瑞，郭慧婷，贾宗武，等．企业环境会计信息披露影响因素研究——来自中国化工类上市公司的经验证据［J］．统计与信息论坛，2008（5）：32－38.

［105］李晚金，匡小兰，龚光明．环境信息披露的影响因素研究——基于沪市201家上市公司的实证检验［J］．财经理论与实践，2008，29（3）：47－51.

［106］黄珺，周春娜．股权结构、管理层行为对环境信息披露影响的实证研究——来自沪市重污染行业的经验证据［J］．中国软科学，2012（1）：133－143.

［107］李志斌．内部控制与环境信息披露——来自中国制造业上市公司的经验证据［J］．中国人口·资源与环境，2014，24（6）：77－83.

［108］王建明．环境信息披露、行业差异和外部制度压力相关性研究——来自我国沪市上市公司环境信息披露的经验证据［J］．会计研究，2008（6）：54－62.

［109］毕茜，顾立盟，张济建．传统文化、环境制度与企业环境信息披露［J］．会计研究，2015（3）：12－19.

［110］宋晓华，魏烁，蒋雨晗，等．政策环境、经营开放性与企业可持续发展信息披露——来自我国电力行业的实证分析［J］．会计研究，2016（10）：78－85.

［111］马文超．经济业绩与环境业绩的因果之迷：省域环境竞争对企业环境管理的影响——基于“宝钢”与“鞍钢”的案例分析［J］．会计研究，2016（5）：71－78.

［112］吕明晗，徐光华，沈弋，等．异质性债务治理、契约不完全性与

环境信息披露 [J]. 会计研究，2018，367 (5)：69 -76.

[113] 杨广青，杜亚飞，刘韵哲 . 企业经营绩效，媒体关注与环境信息披露 [J]. 经济管理，2020，42 (3)：57 -74.

[114] Jessee L. The National Environmental Policy Act net (NEPAnet) and DOE NEPA Web：What they bring to environmental impact assessment [J]. Environmental Impact Assessment Review，1998，18 (1)：73 -82.

[115] Abkowitz M D，Cohen M A，Buck S S，et al. Environmental information disclosure and stakeholder involvement：Searching for common ground [J]. Corporate Environmental Strategy，1999，6 (4)：415 -424.

[116] Li L. Encouraging Environmental Accounting Worldwide：A Survey of Government Policies and Instruments [J]. Corporate Environmental Strategy，2001，8 (1)：55 -64.

[117] Patten D M，Trompeter G. Corporate responses to political costs：an examination of the relation between environmental disclosure and earnings management [J]. Journal of Accounting & Public Policy，2003，22 (1)：83 -94.

[118] Liu X，Anbumozhi V. Determinant factors of corporate environmental information disclosure：an empirical study of Chinese listed companies [J]. Journal of Cleaner Production，2009，17 (6)：593 -600.

[119] Zhu X，Zhang C. Reducing information asymmetry in the power industry：Mandatory and voluntary information disclosure regulations of sulfur dioxide emission [J]. Energy Policy，2012，45 (6)：704 -713.

[120] Rosa F S，Guesser T，Hein N，et al. Environmental impact management of Brazilian companies：analyzing factors that influence disclosure of waste，emissions，effluents，and other impacts [J]. Journal of Cleaner Production，2015，96 (6)：148 -160.

[121] Bowen F，Tang S，Panagiotopoulos P. A classification of information - based environmental regulation：Voluntariness，compliance and beyond [J]. Science of The Total Environment，2020，https：//doi. org/10. 1016/j. scitotenv. 2019. 135571.

[122] He Q，Wang Z，Wang G，et al. To be green or not to be：how envi-

ronmental regulations shape contractor greenwashing behaviors in construction projects [J]. Sustainable Cities and Society, 2020, https://doi.org/10.1016/j.scs.2020.102462.

[123] Abdullah M, Hamzah N, Ali M H, et al. The Southeast Asian haze: The quality of environmental disclosures and firm performance [J]. Journal of Cleaner Production, 2020, https://doi.org/10.1016/j.jclepro.2019.118958.

[124] Tzouvanas P, Kizys R, Chatziantoniou I, et al. Environmental disclosure and idiosyncratic risk in the European manufacturing sector [J]. Energy Economics, 2020, https://doi.org/10.1016/j.eneco.2020.104715.

[125] Balluchi F, Lazzini A, Torelli R. Credibility of Environmental Issues in Non - Financial Mandatory Disclosure: Measurement and Determinants [J]. Social Science Electronic Publishing. 2021 (288): 1 - 13.

[126] 金迪. 环境法下上市公司信息公开之内容研究——对《上市公司环境信息披露指南（征求意见稿）》的研讨 [J]. 环境科学与管理, 2011, 36 (10): 5 - 11.

[127] 姚晖, 田甜, 周甸月, 等. 浙江省重污染行业上市公司环境信息披露研究 [J]. 商业会计, 2014 (19): 12 - 15.

[128] 朱炜, 孙雨兴, 汤倩. 实质性披露还是选择性披露: 企业环境表现对环境信息披露质量的影响 [J]. 会计研究, 2019 (3): 10 - 17.

[129] 孟凡利. 论环境会计信息披露及其相关的理论问题 [J]. 会计研究, 1999 (4): 16 - 25.

[130] 李建发, 肖华. 我国企业环境报告: 现状、需求与未来 [J]. 会计研究, 2002 (4): 42 - 50.

[131] 刘金彬. 基于新常态的企业环境会计信息披露模式构建 [J]. 财会通讯, 2016 (25): 14 - 17.

[132] 郑飞鸿, 郑兰祥. 上市公司环境信息披露影响因素及模式选择 [J]. 统计与决策, 2018, 34 (21): 175 - 178.

[133] 李哲. "多言寡行"的环境披露模式是否会被信息使用者摒弃 [J]. 世界经济, 2018, 41 (12): 167 - 188.

[134] 徐帅, 孙媛媛, 叶泽, 等. 管制会计制度设计与应用探讨——以

输配电价改革为例 [J]. 会计之友, 2017 (19): 43 - 47.

[135] 王琳璘, 王刚. 从管制会计视角谈我国《会计法》修订 [J]. 财务与会计, 2018 (2): 13 - 14.

[136] 张超, 张金若, 刘斌. 输配电监管下的管制会计制度框架: 一个研究综述 [J]. 财会通讯, 2020 (17): 27 - 31.

[137] Jasch C. Environmental performance evaluation and indicators [J]. Journal of Cleaner Production, 2000, 8 (1): 79 - 88.

[138] Eco - efficiency Indicators: Measuring Resource - use Efficiency and the Impact of Economic Activities on the Environment [EB/OL]. (2009 - 01 - 01) [2021 - 03 - 15]. https: //www. unescap. org/publications/eco - efficiency - indicators - measuring - resource - use - efficiency - and - impact - economic.

[139] Xie S, Hayase K. Corporate Environmental Performance Evaluation: a Measurement Model and a New Concept [J]. Business Strategy & the Environment, 2010, 16 (2): 148 - 168.

[140] James P. Business environmental performance measurement [J]. Business Strategy and the Environment, 2010, 3 (2): 59 - 67.

[141] Towards Green Growth: Monitoring Progress OECD Indicator [EB/OL]. (2011 - 05 - 25) [2021 - 03 - 15]. http: //www. oecd. org/greengrowth/towards - green - growth - monitoring - progress - 9789264111356 - en. htm.

[142] Hsu A, Lloyd A, Emerson J W. What progress have we made since Rio? Results from the 2012 Environmental Performance Index (EPI) and Pilot Trend EPI [J]. Environmental Science & Policy, 2013, 33 (11): 171 - 185.

[143] 贾妍妍. 环境绩效评价指标体系初探 [J]. 重庆工学院学报, 2004 (2): 74 - 76.

[144] 中国科学院可持续发展战略研究组. 中国可持续发展战略报告: 建设资源节约型和环境友好型社会 [M]. 北京: 科学出版社, 2006: 67 - 88.

[145] 甄国红, 张天蔚. 企业环境绩效外部评价指标体系构建 [J]. 财会月刊, 2010 (24): 23 - 26.

[146] 李冬伟, 黄波. 基于 PDCA 的企业环境绩效评价体系构建 [J]. 财会通讯, 2018 (20): 68 - 71, 129.

［147］任书娟．基于三重底线理论的企业综合业绩评价体系构建［J］．财会通讯，2019（26）：59－61．

［148］蓝盛芳，钦佩，陆宏芳．生态经济系统能值分析［M］．北京：化学工业出版社，2002：48－92．

［149］王灵梅，张金屯．火电厂生态工业园的能值评估［J］．应用生态学报，2004（6）：1047－1050．

［150］王军．燃煤发输电侧节能减排优化研究［D］．北京：华北电力大学，2012．

［151］李永友，沈坤荣．我国污染控制政策的减排效果——基于省际工业污染数据的实证分析［J］．管理世界，2008（7）：7－17．

［152］江珂．中国环境规制对外商直接投资的影响研究［M］．北京：中国财政经济出版社，2011：77－98．

［153］沈洪涛，冯杰．舆论监督、政府监管与企业环境信息披露［J］．会计研究，2012（2）：72－78，97．

［154］李胜文，李新春，杨学儒．中国的环境效率与环境管制——基于1986—2007年省级水平的估算［J］．财经研究，2010，36（2）：59－68．

［155］赵红．环境规制对中国产业技术创新的影响［J］．经济管理，2007（21）：57－61．

［156］吴玉鸣．外商直接投资对环境规制的影响［J］．国际贸易问题，2006（4）：111－116．

［157］刘志忠，陈果．环境管制与外商直接投资区位分布——基于城市面板数据的实证研究［J］．国际贸易问题，2009（3）：61－69．

［158］Cole M A，Elliott R J R. FDI and the Capital Intensity of "Dirty" Sectors：A Missing Piece of the Pollution Haven Puzzle.［J］．2005，9（4）：530－548．

［159］邬娜，王艳华，吴佳，等．产业环境准入负面清单编制技术框架［J］．环境工程技术学报．2019，9（6）：755－760．